小楷书法插图珍藏本

茶經

（唐）陆羽 著
慧剑 注译

團结出版社

《茶经》序

「茶」为古人所推崇之一大雅事，即便今天，仍然有很多人衷情于品茗论道。然同属一事，却有古今之别。今之好茶者甚多，然若不懂茶之道，则往往让风雅浮于表面，品不出茶中的深层意蕴，反而弄巧成拙，附庸风雅而成俗事。

「茶」为雅事，原因在于它背后有道。倘若我们只是看到它们的表相，不明其道，就会浮于表面。要真正地懂得茶道，就需要正本清源，从其源头学起。中国是茶的故乡，也是茶文化的发源地。我们惊叹于古人的智慧，他们仅仅用几片叶片泡水，却能泡出博大、神秘而又经久不衰的茶文化。这种沉稳、内敛、静谧、知礼的茶道精神也远播海外，令无数的茶道爱好者为之倾倒。

中国人发现并利用茶，据说始于神农时代，少说也有4700多年了。茶文化在中国人的生活中有着重要的地位。据考证，在原始公社后期，茶叶就已成为货货交换的重要物品。商朝末期，茶叶已作为贡品进献天子。战国时期，茶叶加工已有一定规模。先秦诗歌总集《诗经》中已有茶的记载。东汉以后，茶又与外来的佛教文化相结合，形成了后来的「禅茶」文化。魏晋南北朝时，已经有饮茶之风。唐朝时，茶叶成为「人家不可一日无」的必需品，随之也出现了茶馆、茶宴、茶会等，并提倡以茶敬客。宋朝流行斗茶、贡茶和赐茶等等。茶文化就这样在古老的中国蓬勃发展起来。

那么，究竟什么才是茶文化呢？种茶、饮茶不等于有了真正的茶文化，那仅仅是茶文化形成的前提条件。茶文化，顾名思义，茶一定要与文化相结合，必须有文化的内涵和文人的参与才能形成茶文化。唐代的陆羽为此做出了巨大贡献。对于中国古代的大多数文人来说，修齐治平之外没有绝对的理想；文章之外没有可以称道的技能；道德、礼教之外没有必须遵守的规范。然而唐宋时期是一个转折点。这一时期文人的个体意识开始觉醒，陆羽就是想通过茶饮来给社会提供一个新的「精行俭德」的精神。他想通过茶叶、茶具和煮饮茶的程序等方面的规范，提倡某种在道德、礼教之外的行为规范和精神。而陆羽做到了。「自从陆羽生人间，人间相学事春茶」。《茶经》是迄今中国乃至世界现存最早、最完整、最全面的茶文化专著，《唐才子传》称，陆羽《茶经》之后「天下益知饮茶矣」。

《茶经》奠定了中国茶学的基础，具有百代开创之功。书中系统介绍了茶叶生产的历史、源流、生产技术以及饮茶技艺、茶道原理。把饮茶活动人格化、道格化、精神化，使人们在饮茶过程中能对自己的人格升华有更具体的心灵体验。因此，历来研究茶文化者，没有不读《茶经》的，陆羽本人也因此被后人称为「茶圣」。

《茶经》自问世以后，就广为流传。在大量的中国古典典籍中，《茶经》是被翻刻重印最多的经典之一，并很早就被介绍到海外，有日、韩、德、英等多种文字版本，可见其影响之大。正是由于《茶经》的大量流通，进而推动了中国茶文化的不断发展。

为了传播茶文化，我们编辑整理了这部「小楷插图典藏本《茶经》」。书中既有「文渊阁四库全书」收录的《茶经》写本全文，又有以中国国家图书馆馆藏宋刊「百川学海本」为底本，同时参校多种版本而整理的《茶经》定本，并对全文进行注释和白话翻译，另外还插入了大量富有茶禅意趣的图片。全书集书法、摄影、校勘、注译为一体，是一部实用、美观，并具有收藏价值的特色《茶经》读本。希望能给您带来不一样的茶文化之旅！

编者小识
庚子春月

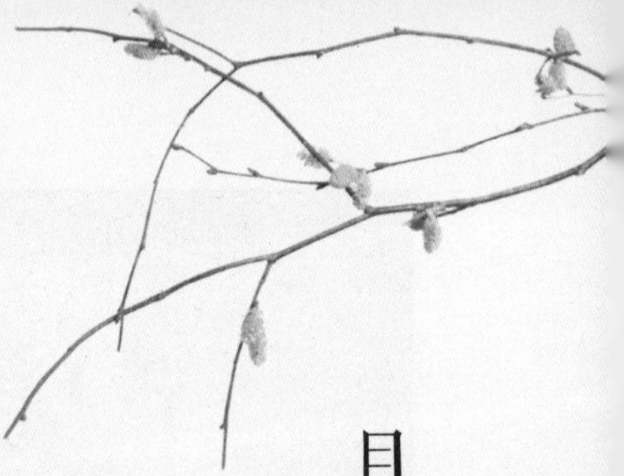

目录

附录：茶谱

欽定四庫全書

茶經卷上

唐 陸羽 撰

一之源

茶者南方之嘉木也一尺二尺迺至數十尺其巴川峽山有兩人合抱者伐而掇之其樹如瓜蘆葉如梔子花如白薔薇實如栟櫚蒂如丁香根如胡桃（瓜蘆木出廣州似茶至苦澁栟櫚蒲葵之屬其子似茶胡桃與茶根皆下孕兆至瓦礫苗木上抽）其字或從草或從

木或草木并（從草當作茶其字出開元文字通義從木當作㮋其字出本草草木并作茶其字出爾雅）其名一曰茶二曰檟三曰蔎四曰茗五曰荈（周公云檟苦茶楊執戟云蜀西南人謂茶曰蔎郭弘農云早取為茶晚取為茗或一曰荈耳）其地上者生爛石中者生礫壤下者生黃土凡藝而不實植而罕茂法如種瓜三歲可採野者上園者次陽崖陰林紫者上綠者次笋者上牙者次葉卷上葉舒次陰山坡谷者不堪採掇性凝滯結瘕疾茶之為用味至寒為飲最宜精行儉德之人若熱

渴凝悶腦疼目澁四支煩百節不舒聊四五啜與醍醐甘露抗衡也採不時造不精雜以卉莽飲之成疾茶為累也亦猶人參上者生上黨中者生百濟新羅下者生高麗有生澤州易州幽州檀州者為藥無效況非此者設服薺苨使六疾不瘳知人參為累則茶累盡矣

二之具

籯加追反一曰籃一曰籠一曰筥以竹織之受五升或一斗二斗三斗者茶人負以採茶也籯漢書作籯所謂黃金滿籯不如一經顏師古云籯竹器也受四升耳

竈無用突者釜用脣口者

甑或木或瓦匪腰而泥籃以箄之篾以系之始其蒸也入乎箄既其熟也出乎箄釜涸注於甑中甑不帶而泥之又以穀木枝三亞者制之散所蒸牙筍并葉畏流其膏杵臼一曰碓惟恒

用者佳
規一曰模一曰棬以鐵制之或圓或方或花
承一曰臺一曰砧以石為之不然以槐桑木
半埋地中遣無所搖動
檐一曰衣以油絹或雨衫單服敗者為之以
檐置承上又以規置檐上以造茶也茶成舉
而易之
芘莉音杷離一曰羸子一曰篣筤以二小竹長
三尺軀二尺五寸柄五寸以篾織方眼如圃

人土羅闊二尺以列茶也
棨一曰錐刀柄以堅木為之用穿茶也
樸一曰鞭以竹為之穿茶以解茶也
焙鑿地深二尺闊二尺五寸長一丈上作短
牆高二尺泥之
貫削竹為之長二尺五寸以貫茶焙之
棚一曰棧以木構於焙上編木兩層高一尺
以焙茶也茶之半乾昇下棚全乾
穿音釧江東淮南剖竹為之巴川峽山紉穀皮

為之江東以一斤為上穿半斤為中穿四兩五兩為小穿峽中以一百二十斤為上穿八十斤為中穿五十斤為小穿穿舊作釵釧之釧字或作貫串今則不然如磨扇彈鑽縫五字文以平聲書之義以去聲呼之其字以穿名之

育以木制之以竹編之以紙糊之中有隔上有覆下有牀傍有門掩一扇中置一器貯煻煨火令煴煴然江南梅雨時焚之以火育者以其

藏養
爲名

三之造

凡採茶在二月三月四月之間茶之筍者生爛石沃土長四五寸若薇蕨始抽凌露採焉茶之芽者發於叢薄之上有三枝四枝五枝者選其中枝穎拔者採焉其日有雨不採晴有雲不採晴採之蒸之擣之拍之焙之穿之封之茶之乾矣茶有千萬狀鹵莽而言如胡人鞾者蹙縮然（京錐文也）犎牛臆者廉襜然浮雲出山者輪菌然輕飆拂水者涵澹然有如陶

家之子羅膏土以水澄泚之（謂澄泥也）又如新治

地者遇暴雨流潦之所經此皆茶之精腴有

如竹籜者枝幹堅實艱於蒸擣故其形籭簁

然（上離下師）有如霜荷者莖葉凋沮易其狀貌故

厥狀委萃然此皆茶之瘠老者也自採至于

封七經目自胡靴至于霜荷八等或以光黑

平正言嘉者斯鑒之下也以皺黃坳垤言佳

者鑒之次也若皆言嘉及皆言不嘉者鑒之

上也何者出膏者光含膏者皺宿製者則黑

日成者則黄蒸壓則平正縱之則坳垤此茶與草木葉一也茶之否臧存於口訣

茶經卷上

卷上

一之源

茶者，南方之嘉木也，一尺二尺，乃至数十尺。其巴山峡川有两人合抱者，伐而掇之①。其树如瓜芦，叶如栀子，花如白蔷薇，实如栟榈②，蒂如丁香，根如胡桃（瓜芦木出广州，似茶，至苦涩。栟榈，蒲葵之属，其子似茶。胡桃与茶，根皆下孕③，兆至瓦砾，苗木上抽。）

其字或从草，或从木，或草木并。（从草，当作「茶」，其字出《开元文字音义》④。从木，当作「梌」，其字出《本草》。草木并，作「茶」，其字出《尔雅》。）

其名一曰茶，二曰槚⑤，三曰蔎⑥，四曰茗，五曰荈⑦。（周公云：槚，苦茶。杨执戟⑧云：蜀西南人谓茶曰蔎。郭弘农⑨云：早取为茶，晚取为茗，或一曰荈耳。）

【注释】①伐而掇之：伐，砍下枝条。《诗经·周南》：「伐其条枚。」掇，拾拣。

②栟（bīng）榈：亦作「栟闾」，即棕榈。汉张衡《南都赋》：「楈枒栟榈，栎柘檍檀。」明徐渭《海樵山人新构》诗：「衡门夹栟榈，卑池注微泻。」《说文》：「栟榈，棕也。」

③根皆下孕，兆至瓦砾：下孕，即指都从地下滋生发育。兆，裂开，指核桃与茶树生长时根把土地撑裂，这个时候胡桃与茶的嫩芽才出土成长。

④开元文字音义：古籍名。唐开元二十三年（735年）编辑的古籍字书，早已遗失。

⑤槚：读音假，茶树的古称。

⑥蔎（shè）：古书上说的一种香草。《玉篇》：「蔎，香草也。」清人段玉裁认为应是草香，借指为茶。

⑦荈（chuǎn）：茶的老叶，即茶树老叶制成的茶。

⑧杨执戟：汉扬雄的别称。杨，通「扬」，著有《方言》等书。执戟是其官职，语本三国魏曹植《与杨德祖书》：「昔杨子云先朝执戟之臣耳，犹称壮夫不为也。」唐李白《古风》之四六：「当涂何翕忽，失路长弃捐。独有杨执戟，闭关草《太玄》。」

⑨郭弘农：即郭璞，晋人，诗人、文字学家，注释过《方言》《尔雅》等字书。

【译文】茶，是我国南方一种美好的木本植物。它的高度有的一尺，有的二尺，有的甚至高达几十尺。在现今重庆和湖北以西的神农架一带，有两个人合抱才能围绕一周的茶树，把这个茶树的树枝砍掉，再拣起来，才能采摘到树上的芽叶。

茶树的树形像瓜芦，叶形像栀子的叶子，花朵像白蔷薇的花朵，果实像棕榈的种子，果柄像丁香一样，根像胡桃。

「茶」字的结构，有的从草，把它写成「茶」，有的从木，把它写成「𣘻」，有的兼从草、木两个部首写成「茶」。茶有五种名称：一叫「茶」，二叫「槚」，三叫「蔎」，四叫「茗」，五叫「荈」。

其地：上者生烂石，中者生砾壤，下者生黄土。凡艺而不实，植而罕茂，法如种瓜。三岁可采。野者上，园者次。阳崖阴林紫者上，绿者次；笋者上，牙者次；叶卷上，叶舒次①。阴山坡谷者不堪采掇，性凝滞，结瘕疾②。

茶之为用，味至寒，为饮，最宜精行俭德之人，若热渴、凝闷、脑疼、目涩、四支烦、百节不舒，聊四五啜，与醍醐、甘露③抗衡也。

采不时，造不精，杂以卉莽④，饮之成疾。茶为累也，亦犹人参。上者生上党⑤，中者生百济、新罗⑥，下者生高丽⑦。有生泽州、易州、幽州、檀州⑧者，为药无效，况非此者？设服荠苨⑨，使六疾不瘳⑩。知人参为累，则茶累尽矣。

【注释】①叶卷上，叶舒次：叶片成卷状者初生所以质量好，舒展平直者质量差。

②性凝滞，结瘕疾：凝滞，聚结。瘕，肚子里结块的病。《正字通》：「腹中肿块，坚者曰症，有物形曰瘕。」

③醍醐、甘露：皆为古人心中最美妙的饮品。醍醐，酥酪上凝聚的油，味甘美。甘露，即甘美的露水，古人说它是「天之津液」。

④卉莽：野草。

⑤上党：上党，位于山西省东南部，是古时对长治的雅称。《荀子》称为「上地」。「上党」的意思，就是高处的、上面的地方，即「居太行山之巅，地形最高与天为党也」，因其地势险要，自古以来为兵家必争之地，素有「得上党可望得中原」之说。

⑥百济、新罗：唐时位于朝鲜半岛上的两个小国，百济在半岛西南部，新罗在半岛东南部。

⑦高丽：朝鲜历史上的王朝（918年~1392年）。我国习惯上多沿用来指称朝鲜，即今朝鲜。

⑧泽州、易州、幽州、澶州：皆为唐时州名，治所分别在今山西晋城、河北易县、北京市区北，北京怀柔一带。

⑨荠苨（nǐ）：药草名，又名地参。一种形似人参的野果。根味甜，可入药。

⑩六疾不瘳：六疾，指人遇阴、阳、风、雨、晦、明得的寒疾、热疾、末（四肢）疾、腹疾、惑疾、心疾等多种疾病。瘳，痊愈。《左传·昭公元年》：「淫生六疾……阴淫寒疾，阳淫热疾，风淫末疾，雨淫腹疾，晦淫惑疾，明淫心疾。」

【译文】种茶的土壤，最上乘的是岩石充分风化的土壤，其次是有碎石子的砾壤，最差的就是黄色粘土。一般而言，如果栽种茶苗的技术达不到，移栽后的茶树就很少有长得茂盛的。种植的方法就像种瓜一样，移栽茶苗之后三年就可以采茶了。茶叶的品质，以山野自然生长的为上等的好茶，其次就是在园圃里栽种的茶苗。对于生长在向阳山坡，林荫覆盖下的茶树，紫色叶的最好，绿色的就稍差些；芽叶一节一节的，外形犹如细长的笋最好，芽叶细弱的稍差些。绿色的芽叶反卷的最好，叶面平展的就稍微差些了。在背阴的山坡或者山谷上生长的茶叶，是不能采摘的。因为这种茶叶的性质凝结不散，喝了就容易使人腹生肿块。

茶的性质寒凉，可以起到除燥降火的作用，作为饮品，适宜品行端正有节俭美德的人饮用。如果发烧口渴、胸闷头疼、眼涩、四肢无力、关节不畅，喝上四五口，就和最好的饮品醍醐、甘露差不多。

但是，如果不适时地采摘，制作工艺不精细，而且还夹杂着野草败叶，喝了之后就会使人得病。选用和鉴别茶叶的困难，就如同选人参。上等的人参出自上党，中等的出产在百济、新罗，下等的出产在高丽。还有出产在泽州、易州、幽州、檀州的，这里的人参最差，作药用，没有疗效，更何况还有不如它们的呢！如果把荠苨这种形似人参的野果当作人参来服用，那么各种疾病将都不会得到痊愈。知道了选用人参的困难，选用茶叶的难度也就不想而知了。

二之具

籯（加追反）①，一曰篮，一曰笼，一曰筥②。以竹织之，受五升，或一斗、二斗、三斗者，茶人负以采茶也。（籯，《汉书》作籯，所谓「黄金满籯，不如一经。」③颜师古④云：「籯，竹器也，容四升耳。」）

灶，无用突者⑤。釜，用唇口者。

甑⑥，或木，或瓦，匪腰而泥，篮以箄之，篾以系之⑦。始其蒸也，入乎箄，既其熟也，出乎箄。釜涸，注于甑中（甑，不带而泥之）。又以榖木枝三亚者制之。（亚字当作椏，木椏枝也。）散所蒸牙笋并叶，畏流其膏。

杵臼，一曰碓，惟恒用者佳。

规，一曰模，一曰棬。以铁制之，或圆，或方，或花。

承，一曰台，一曰砧，以石为之；不然，以槐、桑木半埋地中，遣无所摇动。

襜⑧，一曰衣。以油绢或雨衫、单服败者为之。以襜置承上，又以规置襜上，以造茶也。茶成，举而易之。

芘莉（音杷离）⑨，一曰籯子，一曰篣筤⑩。以二小竹，长三尺，躯二尺五寸，柄五寸，以篾织方眼，如圃人土罗，阔二尺，以列茶也。

棨⑪，一曰锥刀，柄以坚木为之，用穿茶也。

扑，一曰鞭。以竹为之，穿茶以解茶也。

焙，凿地深二尺，阔二尺五寸，长一丈，上作短墙，高二尺，泥之。

贯，削竹为之，长二尺五寸，以贯茶焙之。

棚，一曰栈，以木构于焙上，编木两层，高一尺，以焙茶也。茶之半干升下棚，全干升上棚。

穿（音钏），江东、淮南剖竹为之，巴川峡山纫榖皮为之。江东以一斤为上穿，半斤为中穿，四两五两为小穿。峡中以一百二十斤为上穿，八十斤为中穿，五十斤为小穿。穿字旧作钗钏之「钏」字，或作贯串。今则不然，如磨、扇、弹、钻、缝五字，文以平声书之，义以去声呼之，其字以穿名之。

育，以木制之，以竹编之，以纸糊之，中有隔，上有覆，下有床，傍有门，掩一扇，中置一器，贮煻煨火，令煴煴然⑫，江南梅雨时，焚之以火。（育者，以其藏养为名。）

【注释】①籯（yíng）：竹制的盛物器具，即竹笼。

②筥（jǔ）：盛物的圆形竹筐。

③黄金满籯，不如一经：语出《汉书·韦贤传》，意指谓留给子孙满箱黄金，不如教会子孙一本经书。

④颜师古：名籀，字师古，隋唐以字行，故称颜师古。祖籍琅邪临沂人，唐初儒家学者，经学家、语言文字学家、历史学家。颜师古是名儒颜之推的孙子，父亲为颜思鲁。少传家业，遵循祖训，博览群书，学问通博，擅长于文字训诂、声韵、校勘之学。他还是研究《汉书》的专家，对两汉以来的经学史也十分熟悉。

⑤无用突者：突，烟囱。成语有「曲突徙薪」。

⑥甑：古代蒸饭的一种瓦器。底部有许多透蒸气的孔格，置于鬲上蒸煮，如同现代的蒸锅、蒸笼。

⑦篮以箄（bì）之，篾以系之：有空隙而能起间隔作用的片状器具，即蒸笼中的竹屉。篾，劈成条的竹片，亦泛指劈成条的芦苇、高粱秆皮等。

⑧襜（chān）：系在身前的围裙，即蔽膝。《尔雅·释物》：「衣蔽前谓之襜。」

⑨芘莉（bì lì）：芘莉，竹制的盘子类器具。

⑩蒡莨（páng láng）：竹编的笼子、盘子一类的盛物器具。

⑪棨（qǐ）：穿茶饼用的锥刀。

⑫煴（yūn）煴然：煴，没有光焰的火。煴煴然，火势微貌。颜师古说：「煴，聚火无焰者也。」

【译文】籝，又叫篮，又叫笼，又叫筥。是用竹子编织而成的器具，它的容积有五升，或装载一斗、二斗、三斗，是茶农用来采茶的。

灶，使用那种没有烟囱的（使火力

集中于锅底）。锅，使用那种锅口带有唇边的。

甑，有木制或陶制的。腰部要用泥封好，甑里面用竹篮当作隔水器使用，用竹片系牢。开始蒸煮的时候，叶子要放到竹篮上；等到熟了，从竹篮里倒出来。锅里的水快煮干时，从甑中加水进去。甑，腰部不要绑绕而用泥封抹。用有三条枝桠的榖木制成叉状器物。蒸煮之后的嫩芽叶要及时摊开，以免茶汁会流失。

杵臼，又叫碓（用以捣碎蒸熟的芽叶），以经常使用最好。

规，又叫模，又叫棬（就是模型，用以把茶压紧，并成一定的形状），是铁质的，形状不一，有圆形的、方形的，还有花形的。

承，又叫台，又叫砧，是石质的。如果使用槐树、桑树来做的话，就要把它的下半截埋进土中，以便于它不来回摇动。

襜，又叫衣，可以用油绢或穿坏了的雨衣、单衣来制作。把「襜」放在「承」上，「檐」上再放模型，用来做压紧的饼茶。待茶饼压成一块后，拿起来，另外再换一个模型继续做。

芘莉，又叫籯子或筹筤。分别用两根长度都三尺的小竹竿来做，做成的芘莉身长有二尺五寸，手柄有五寸，宽

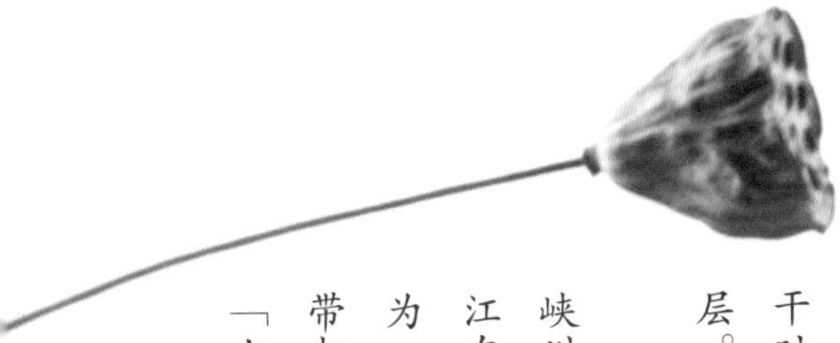

度大约二尺，这个芘莉当中是用篾织编织成的方格眼，犹如种菜人用的土筛，用来盛放茶叶。

棨，又叫锥刀，这种手柄是用坚实的木料做的，给饼茶穿洞眼用的。

扑，又叫鞭，是竹子编织而成，用它来把茶饼穿成串，可以很方便地搬运。

焙，即在地上挖出一个深二尺，宽二尺五寸，长一丈的坑，在坑的上面垒砌矮墙，矮墙的高度约为二尺，用泥抹平整。

贯，是竹子削制而成，长有二尺五寸，用来穿茶烘培的。

棚，又叫栈。是用木头做成的架子，放在培上，分为上下两层，有一尺的距离，用来烘焙茶叶。茶半干时，就会从架底升到下层。全干时，就会升到上层。

穿，在江东淮南一带，人们劈篾做成；在巴山峡川一带人们用穀树皮做成，用来贯串制好的茶饼。江东称重量一斤（十六两制）的为「上穿」，半斤的为「中穿」，四两、五两的称为「下穿」。在巴山一带却把一百二十斤的称为「上穿」，把八十斤的称为「中穿」，把五十斤的称为「小穿」。「穿」字，

先前作钗钏的「钏」字，或者作贯串。现在却不同了，「磨、扇、弹、钻、缝」五字，字形还是按读平声的字形，但读音却还读去声，即按读去声的来讲（作名词）。「穿」字读去声，就表示用穿来命名。

育，是木质的框架，用竹篾编织的外围，最后用纸来裱糊。中间有间隔，上面有盖，下面有托盘，旁开一扇门。中间放一个器皿，用来盛放火灰，这样可以保证有火无焰。在江南梅雨季节时，就要加火除湿。

三之造

凡采茶，在二月、三月、四月之间。

茶之笋者，生烂石沃土，长四五寸，若薇、蕨始抽，凌露采焉①。茶之牙者，发于丛薄②之上，有三枝、四枝、五枝者，选其中枝颖拔者采焉，其日有雨不采，晴有云不采。晴，采之，蒸之，捣之，拍之，焙之，穿之，封之，茶之干矣。

茶有千万状，卤莽而言，如胡人靴者蹙缩然（京锥文也③。）犎牛臆者，廉檐然④，浮云出山者，轮囷然⑤，轻飚拂水者，涵澹然；有如陶家之子，罗膏土以水澄泚之（谓澄泥也）。又如新治地者，遇暴雨流潦之所经，此皆茶之精腴。有如竹箨⑥者，枝干坚实，艰于蒸捣，故其形簏簁⑦然（上离下师）；有如霜荷者，茎叶凋沮，易其状貌，故厥状委悴然，此皆茶之瘠老者也。

自采至于封，七经目，自胡靴至于霜荷，八等，或以光黑平正，言嘉者，斯鉴之下者；以皱黄、坳垤⑧言佳者，鉴之次也。若皆言嘉及皆言不嘉者，鉴之上也。何者？出膏者光，含膏者皱，宿制者则黑，日成者则黄，蒸压则平正，纵之则坳垤，此茶与草木叶一也，茶之否臧⑨，存于口诀。

【注释】①若薇、蕨始抽，凌露采焉：薇，一年生或二年生草本植物，结荚果，中有种子五六粒，可食。嫩茎和叶可做蔬菜。通称「巢菜」「大巢菜」「野豌豆」。蕨，蕨菜也叫拳头菜。俗称「山野菜」，是一种野生蕨类植物厥的嫩芽，部分种类可食用。《诗经·小雅》有「采薇」篇，《毛传》：「薇，菜也。」《诗经》又有「吉采其蕨」句，

《诗义疏》说：「蕨，山菜也。」二者都在春季抽芽生长。凌，冒着。

②丛薄：丛生的草木。《汉书注》：「灌木曰丛。」杨雄《甘草同赋注》：「草丛生曰薄。」

③京锥文也：京，高大。《诗经·皇矣》：「依其在京。」《毛传》：「京，大阜也。」锥，刀锥，比喻微末的小利。文，同「纹」。意指大钻子刻钻的花纹。

④臆者，廉襜然：臆，指牛胸肩部位的肉。廉，堂屋的侧边。《说文》：「廉，仄也。」襜，帷幕。全句意指像牛胸肩的肉，有些起伏褶皱。

⑤轮囷（qūn）：轮，车轮。囷，圆顶的仓。意为曲折、围绕。

⑥竹箨（tuò）：竹笋的外壳。

⑦籭（shāi）簁（shāi）：籭、簁皆为竹器，意为毛羽始生貌。《说文》：「籭，竹器也。」《集韵》说就是竹筛。

⑧坳垤（ào dié）：土地低下处叫坳，小土堆叫垤，形容（地势）高低不平，这里指茶饼的表面凸凹不平。

⑨否（pǐ）臧：贬，非议。臧，褒奖。指品评，褒贬。《世说新语·德行第一》：「每与人言，未尝臧否人物。」

【译文】一般而言，采茶都在（唐历）二月、三月、四月间。

茶的芽叶长得肥壮如笋的，大多都生长在风化比较完全的肥沃土壤上，芽叶有四、五寸长，就像是刚刚破土而出的薇、蕨的嫩茎一样，要清晨有露珠的时候采摘。次一等的，芽叶生长在草木丛杂的茶树枝上。从老枝上长出来三枝、四枝、五枝的，就要选择其中长得挺拔的采摘。有雨的日子里不采，晴天有云的时候也不采，只有晴

天，阳光明媚、万里无云的时候采摘。采摘好的芽叶，要把它们放到甑上蒸熟，然后再用杵臼捣烂，放到模型里用手把它拍压成一定的形状，接着要焙干、穿成串、包装好，这样茶就可以保持干燥了。

茶的形状千姿百态，就粗略而说，有的就像胡人的靴子，皮革皱缩着；有的就像野牛的胸部一样，有很微细的褶痕；有的就像出山的浮云，一团一团地盘桓着；有的就像微微拂水而过的轻风，荡起微波涟漪；有的就像陶匠筛出的细土，用水沉淀下来之后，泥膏的光滑润泽；有的又像新整的土地，在被暴雨汇成的急流冲刷之后，显得高低不平。这些都是精美上等的茶。有的芽叶像竹笋的外壳，枝梗坚硬，很难捣碎，也很难蒸熟，所以制成的茶叶就像箩筛；有的就像经霜的荷叶一样，凋零枯败，变了样子，所以制成的茶就显得干枯，这些都是坏茶、老茶。

从采摘到封装，茶叶的制作要先后经过七道工序；从茶叶做成类似皱缩的靴子到做成类似衰萎的荷叶，一共分为八个等级。对于茶而言，有的人把光亮、黑色、平整作为好茶的判断依据，这是下等的鉴别方法。有的把皱缩、黄色、凸凹不平作为好茶的特征，这是次等的鉴别方法。如果既能指出茶好的一面，又能说出茶不好的一面，这才是最会鉴别茶的方法。为什么呢？因为挤压出茶汁的就会发光，含着茶汁的就显得皱缩；过夜之后做成的茶叶色泽就会发黑，当天做成的茶叶色泽就会发黄；蒸好后压得紧的茶叶就平整，任其干燥的就显得凸凹不平。这就是茶和草木叶子共同的特点。茶制得好与坏，存有一套鉴别的口诀。

茶經卷中

唐 陸羽 撰

四之器

風爐灰承　筥　炭檛　鍑

交牀　夾　紙囊　碾拂末

羅合　則　水方　漉水囊

瓢　竹筴　鹺簋揭　熟盂

盌　畚　札　滌方

巾　具列　都籃

風爐 灰承

風爐以銅鐵鑄之如古鼎形厚三分緣闊九分令六分虛中致其杇墁凡三足古文書二十一字一足云坎上巽下離于中一足云體均五行去百疾一足云聖唐滅胡明年鑄其三足之間設三窗底一窗以為通飈漏燼之所上並古文書六字一窗之上書伊公二字一窗之上書羹陸二字一窗之上書氏茶二字

所謂伊公羹陸氏茶也置墆埌於其内設三格其一格有翟焉翟者火禽也畫一卦曰離其一格有彪焉彪者風獸也畫一卦曰巽其一格有魚焉魚者水蟲也畫一卦曰坎巽主風離主火坎主水風能興火火能熟水故備其三卦焉其飾以連葩垂蔓曲水方文之類其爐或鍛鐵為之或運泥為之其灰承作三足鐵柈檯之

筥

筥以竹織之高一尺二寸徑闊七寸或用藤作木楦如筥形織之六出固眼其底蓋若利篋口鑠之

炭檛

炭檛以鐵六稜制之長一尺銳一豐中執細頭系一小鍰以飾檛也若今之河隴軍人木吾也或作鎚或作斧隨其便也

火筴

火筴一名筯若常用者圓直一尺三寸頂平截無慤臺勾鏁之屬以鐵或熟銅製之

鍑

音輔或作釜或作鬴

鍑以生鐵爲之今人有業冶者所謂急鐵其鐵以耕刀之趄鍊而鑄之内摸土而外摸沙土滑於内易其摩滌沙澁於

外圾其炎焰方其耳以正令也廣其緣以務遠也長其臍以守中也臍長則沸中沸中則末易揚末易揚則其味淳也洪州以瓷為之萊州以石為之瓷與石皆雅器也性非堅實難可持久用銀為之至潔但涉於侈麗雅則雅矣潔亦潔矣若用之恒而卒歸於銀也

交牀

交牀以十字交之剜中令虛以支鍑也

夾

夾以小青竹爲之長一尺二寸令一寸有節節已上剖之以炙茶也彼竹之篠津潤于火假其香潔以益茶味恐非林谷間莫之致或用精鐵熟銅之類取其久

紙囊

紙囊以剡藤紙白厚者夾縫之以貯所炙茶使不泄其香也

碾拂末

碾以橘木為之次以梨桑桐木為之內圓而外方內圓備於運行也外方制其傾危也內容墮而外無餘木墮形如車輪不輻而軸焉長九寸闊一寸七分墮徑三寸八分中厚一寸邊厚半寸軸中方而執圓其拂末以鳥羽製之

羅合

羅末以合蓋貯之以則置合中用巨竹

剖而屈之以紗絹衣之其合以竹節為之或屈杉以漆之高三寸蓋一寸底二寸口徑四寸

則

則以海貝蠣蛤之屬或以銅鐵竹匕策之類則者量也準也度也凡煮水一升用末方寸匕若好薄者減之嗜濃者增之故云則也

水方

水方以椆木槐楸梓等合之其裏并外縫漆之受一斗

漉水囊

漉水囊若常用者其格以生銅鑄之以備水濕無有苔穢腥澀意以熟銅苔穢鐵腥澀也林栖谷隱者或用以竹木木與竹非持久涉遠之具故用之生銅其囊織青竹以捲之裁碧縑以縫之細翠鈿以綴之又作綠油囊以貯之圓徑五

寸柄一寸五分

瓢

瓢一曰犧杓剖瓠爲之或刊木爲之晉舍人杜毓荈賦云酌之以匏匏瓢也口闊脛薄柄短永嘉中餘姚人虞洪入瀑布山採茗遇一道士云吾丹丘子祈子他日甌犧之餘乞相遺也犧木杓也今常用以梨木爲之

竹筴

竹筴或以桃榔蒲葵木爲之或以柿心木爲之長一尺銀裹兩頭

醝簋

醝簋以瓷爲之圓徑四寸若合形或瓶或罍貯鹽花也其攧竹制長四寸一分闊九分攧策也

熟盂

熟盂以貯熟水或瓷或沙受二升

盌

盌越州上鼎州次邢州次岳州次壽州洪州次或者以邢州處越州上殊爲不然若邢瓷類銀越瓷類玉邢不如越一也若邢瓷類雪則越瓷類氷邢不如越二也邢瓷白而茶色丹越瓷青而茶色綠邢不如越三也晉杜毓荈賦所謂器擇陶揀出自東甌甌越也甌越州上口脣不卷底卷而淺受半升已下越州瓷岳瓷皆青青則益茶茶作白紅之色邢

州瓷白茶色紅壽州瓷黄茶色紫洪州瓷褐茶色黑悉不宜茶

畚

畚以白蒲捲而編之可貯盌十枚或用筥其紙帊以剡紙夾縫令方亦十之也

札

札緝栟櫚皮以茱萸木夾而縛之或截竹束而管之若巨筆形

滌方

滌方以貯滌洗之餘用楸木合之制如

水方受八升

滓方

滓方以集諸滓製如滌方處五升

巾

巾以絁布為之長二尺作二枚互用之

以潔諸器

具列

具列或作牀或作架或純木純竹而製

之或木法竹黃黑可用而漆者長三尺濶二尺高六寸其到者悉斂諸器物悉以陳列也

都籃

都籃以悉設諸器而名之以竹篾內作三角方眼外以雙篾濶者經之以單篾纖者縛之遞壓雙經作方眼使玲瓏高一尺五寸底闊一尺高二寸長二尺四寸濶二尺

卷中

四之器

风炉 灰承　筥　炭挝　火筴　鍑

交床　夹　纸囊　碾 拂末　罗合

则　水方　漉水囊　瓢　竹筴

鹾簋 揭　熟盂　碗　畚 纸帊　札

涤方　滓方　巾　具列　都篮

风炉（灰承）　风炉以铜铁铸之，如古鼎形，厚三分，缘阔九分，令六分虚中，致其杇墁①，凡三足。古文书二十一字，一足云「坎上巽下离于中」②，一足云「体均五行去百疾」，一足云「圣唐灭胡明年铸」③。其三足之间设三窗，底一窗，以为通飚漏烬之所，上并古文书六字：一窗之上书「伊公」二字，一窗之上书「羹陆」二字，一窗之上书「氏茶」二字，所谓「伊公羹、陆氏茶」④也。置墆㙞⑤于其内，设三格：其一格有翟焉，翟者，火禽也，画一卦曰离；其一格有彪焉，彪者，风兽也，画一卦曰巽；其一格有鱼焉，鱼者，水虫也，画一卦曰坎。巽主风，离主火，坎主水。风能兴火，火能熟水，故备其三卦焉。其饰以连葩、垂蔓、曲水、方文之类。其炉或锻铁为之，或运泥为之，其灰承，作三足铁柈⑥台之。

筥　筥以竹织之，高一尺二寸，径阔七寸，或用藤，作木楦，如筥形，织之，六出圆眼。其底、盖若利箧⑦口铄之。

炭挝　炭挝以铁六棱制之，长一尺，锐上，丰中，执细，头系一小鑶，以饰挝也。若今之河陇军人木吾⑧也，或作锤，或作斧，随其便也。

火筴　火筴一名筯，若常用者，圆直一尺三寸，顶平截，无葱台、勾锁⑨之属，以铁或熟铜制之。

鍑（音辅，或作釜，或作鬴）　鍑以生铁为之，今人有业冶者所谓急铁。其铁以耕刀之趄⑩炼而铸之，内模土而外模沙。土滑于内，易其摩涤；沙涩于外，吸其炎焰。方其耳，以正令也；广其缘，以务远也；长其脐，以守中也。脐长则沸中，沸中则末易扬，末易扬则其味淳也。洪州⑪以瓷为之，莱州⑫以石为之，瓷与石皆雅器也，性非坚实，难可持久。用银为之，至洁，但涉于侈丽。雅则雅矣，洁亦洁矣，若用之恒而卒归于银也。

交床　交床以十字交之，剜中令虚，以支鍑也。

夹　夹以小青竹为之，长一尺二寸，令一寸有节，节已上剖之，以炙茶也。彼竹之筱⑬津润于火，假其香洁以益茶味，恐非林谷间莫之致。或用精铁熟铜之类，取其久也。

纸囊　纸囊以剡藤纸⑭白厚者夹缝之，以贮所炙茶，使不泄其香也。

【注释】①杇墁（wū màn）：本为涂墙用的工具。这里指涂泥。

②坎上巽（xùn）下离于中：坎、巽、离都是八卦的卦名，坎为水，巽为风，离为火。

③盛唐灭胡明年铸：盛唐灭胡，指唐平息安史之乱，时在唐广德元年（763年），此

鼎则铸于公元764年。

④伊公羹、陆氏茶：伊公，指商汤时的大尹伊挚。相传他善调汤味，世称「伊公羹」。陆，即陆羽自己。陆氏茶，陆羽的茶具。

⑤墆㙞（dì niè）：墆，贮藏。《广韵》：「滞，贮也，止也。」

⑥三足铁柈（pán）：柈，通「盘」，盘子，意指三个脚的铁盘了。

⑦利筬（qiè）：用小竹篾编织成的长方形箱子。

⑧木吾（yù）：木棒名。汉代御史、校尉、郡守、都尉、县长之类官员皆用木吾夹车。吾，通「御」，防御。崔豹《古今注》：「木吾，樟也。」

⑨葱台、勾锁：这里指装饰。葱，多年生草本植物，叶圆筒状，中空，茎叶有辣味，是常用的蔬菜或调味品，兼作药用，品种很多。勾，弯曲形。

⑩耕刀之趄（qiè）：耕刀，用于农田挠地使用的锄头、犁头。趄，行不进的样子。这里指坏的、旧的。

⑪洪州：唐时州名。隋开皇九年（589年）罢郡置洪州，大业三年（607年）复为豫章郡。唐武德五年（622年）复为洪州，贞观初属江南道，开元

二十一年（733年）属江南西道，天宝元年（742年）改洪州为豫章郡，至德元年（756年）豫章郡更名为章郡，干元元年（758年）再称洪州。即今江西南昌。

⑫莱州：唐时州名。治所在今山东掖县一带，位于现今山东省东北部，烟台西部，西临渤海莱州湾。

⑬竹之筱：筱，竹的一种，很细，名小箭竹。

⑭剡（shàn）藤纸：剡藤，浙江剡县，位于今浙江嵊州。因出产的藤可以造纸，洁白细致有韧性，为唐时包茶专用纸。

【译文】风炉灰承　筥　炭挝　火筴　鍑

交床　夹　纸囊　碾拂末　罗合

则　水方　漉水囊　瓢　竹筴

鹾簋揭　熟盂　碗　畚纸帊　札

涤方　滓方　巾　具列　都篮

风炉，用铜或铁铸造而成，就像古鼎的样子，壁的厚度是三分，炉口上边缘为九分，炉口边多出的六分向着内部，风炉的下面是空的，就抹上泥土。风炉的下方有三只脚，在这个部位铸刻上籀文，籀文共有二十一个字。一只脚上写有「坎上巽下离于中」，一只脚上写有「体均五行去百疾」，最后一只脚上写着「圣唐灭胡明年铸」。在三只脚相间的部位分别开了三个窗口。炉底下开有一个洞，这个洞是用来通风漏灰的。三只脚之间的三个窗口上面，总共写了六个古体字，一个窗口上写着「伊公」，一个窗口上写着「羹陆」，一个窗口上写着「氏茶」，意指「伊公羹，陆氏茶」。炉上还设有垛，用来支撑锅子，垛间分有三个格。一个格上画有野鸡的图案。野鸡代表着火禽，火八卦为离，画上一离卦。一个格上画有彪的图案。彪代表着风兽，风八卦为巽，画上一巽卦。一个格上画有条鱼的图案。鱼代表水中的虫类，水八卦为坎，画上一坎卦。「巽」表示风，「离」表示火，「坎」表示水，风能使火旺盛燃烧，火能使水沸腾，所以有必要画上这三个卦。风炉的炉身装饰有花卉、流水、方形花纹等图案。风炉有用熟铁打制的，也有用泥巴烧制的。灰承（接受灰炉的器具），做有一个三只脚的铁盘用来承接炉灰。

筥，是用竹子编织而成，高度一尺二寸，直径七寸。也有的先做一个木箱，有点像筥形，然后再用藤子编在外面，这个筥有六角的洞眼。筥箱的底部和盖子就如同是箱子的口一样，削得很光滑。

炭挝，是用六棱形的铁棒制作成的，炭挝的形状大小，长有一尺，头部稍尖，中间较粗，握处很细，握的那一头为了装饰好看，就套上一个小环，就如同是现在河陇一带的军士手里拿的「木吾」。铁棒的形态不一，有的会把它做成槌形，有的会把它做成斧形，按照需要怎么方便就怎么做。

火夹，又称作筯，就是平时所用的火钳，用铁或熟铜制成。圆直形的，长有一尺三寸，顶端平齐，上面没有葱台、勾锁之类的装饰，用铁或熟铜制作成。

鍑，是用生铁做成的。「生铁」就是现在（唐时）搞冶炼的人说的「急铁」。这种铁就是用坏掉的农具铸就的。在铸造铁锅的时候，在锅的内面抹上一层泥，外面涂抹上一层沙。内面涂抹泥是为了锅面变得光滑，容易磨洗；外面涂抹上沙子，这样锅底变得粗糙，就容易吸收热气。锅耳做成方的，为了令其端正。锅边要打造的宽一些，这样容易伸展开。锅脐要长，使其在中心。锅脐长了，水就在锅里沸腾起来；水在锅里沸腾，茶沫就容易上升，茶汤的滋味就会变得淳美。洪州用瓷器做锅用，莱州

用石头打制锅用，瓷锅和石锅都是比较高档雅致的器皿，但是不坚固，不耐用。用银打制锅，就非常的清洁，但就是过于奢侈了。雅致固然雅致，清洁的确清洁，但如果从耐久实用上说，还是银质的好。

交床，用十字交叉的木架，将搁板中间挖空，用它来放置锅。

夹，是用小青竹制成，长有一尺二寸。「夹」的一头有节，大约在一寸之处，节之上剖开，这样可以用来夹着茶饼在火上烤。这种小青竹在火上能烤出竹液和香气来，借它的香气来增添茶的香味。但是如果不能在山林之间炙茶，恐怕是难以弄到这种小青竹。有的交床是用好铁或熟铜打制而成的，这样可以长久耐用。

纸袋，是用两层又白又厚的剡藤纸做成的。用它来贮放烤焙好的茶叶，可以使香气不散失掉。

碾（拂末）　碾以橘木为之，次以梨、桑、桐木、柘为之，内圆而外方。内圆备于运行也，外方制其倾危也。内容堕而外无余，木堕形如车轮，不辐而轴焉，长九寸，阔一寸七分，堕径三寸八分，中厚一寸，边厚半寸，轴中方而执圆，其拂末以鸟羽制之。

罗合　罗末以合盖贮之，以则置合中，用巨竹剖而屈之，以纱绢衣之，其合以竹节为之，或屈杉以漆之。高三寸，盖一寸，底二寸，口径四寸。

则　则以海贝蛎蛤之属，或以铜、铁、竹匕①策之类。则者，量也，准也，度也。凡煮水一升，用末方寸匕②。若好薄者减之，嗜浓者增之，故云则也。

水方　水方以椆木、槐、楸、梓等合之，其里并外缝漆之，受一斗。

漉水囊③　漉水囊若常用者，其格以生铜铸之，以备水湿，无有苔秽、腥涩意。以熟铜，苔秽、铁腥涩也。林栖谷隐者，或用之竹木，木与竹非持久涉远之具，故用之生铜。其囊织青竹以卷之，裁碧缣以缝之，纽翠钿以缀之，又作绿油囊以贮之，圆径五寸，柄一寸五分。

瓢　瓢一曰牺杓，剖瓠为之，或刊木为之。晋舍人杜育④《荈赋》云：「酌之以匏。」匏，瓢也，口阔，胫薄，柄短。永嘉中，余姚人虞洪入瀑布山采茗，遇一道士，云：「吾丹丘子，祈子他日瓯牺之余，乞相遗也。」牺，木杓也，今常用，以梨木为之。

竹筴　竹筴或以桃、柳、蒲、葵木为之，或以柿心木为之，长一尺，银裹两头。

鹾簋揭⑤　鹾簋以瓷为之，圆径四寸。若合形，或瓶，或罍，贮盐花也。其揭竹制，长四寸一分，阔九分。揭，策也。

熟盂　熟盂以贮熟水，或瓷或沙，受二升。

碗　碗，越州上，鼎州次，婺州次⑥，岳州次，寿州、洪州次。或者以邢州⑦处越州上，殊为不然。若邢瓷类银，越瓷类玉，邢不如越一也；若邢瓷类雪，则越瓷类冰，邢不如越二也；邢瓷白而茶色丹，越瓷青而茶色绿，邢不如越三也。晋杜育《荈赋》所谓「器择陶拣，出自东瓯」。瓯，越也。瓯，越州上，口唇不卷，底卷而浅，受半升已下。越州瓷、岳瓷皆青，青则益茶，茶作白红之色。邢州瓷白，茶色红；寿州瓷黄，茶色紫；洪州瓷褐，茶色黑：悉不宜茶。

畚⑧纸帊　畚以白蒲卷而编之，可贮碗十枚。或用筥，其纸帊，以剡纸夹缝令方，亦十之也。

札　札缉栟榈皮以茱萸木夹而缚之。或截竹束而管之，若巨笔形。

涤方　涤方以贮涤洗之余，用楸木合之，制如水方，受八升。

滓方　滓方以集诸滓，制如涤方，处五升。

巾　巾以绝⑨布为之，长二尺，作二枚，互用之以洁诸器。

具列　具列或作床，或作架，或纯木、纯竹而制之，或木，或竹，黄黑可扃⑩而漆者。长三尺，阔二尺，高六寸，具列者，悉敛诸器物，悉以陈列也。

都篮　都篮以悉设诸器而名之。以竹篾内作三角方眼，外以双篾阔者经之，以单篾纤者缚之，递压双经作方眼，使玲珑。高一尺五寸，底阔一尺，高二寸，长二尺四寸，阔二尺。

【注释】①竹匕：匕，古代指勺、匙之类的取食用具。

②用末方寸匕：用竹匙挑起茶叶末一平方寸。陶弘景《名医别录》：「方寸匕者，作匕正方一寸，抄散取不落为度。」

③漉水囊：漉，滤过。指用来滤水去虫的器具。

④杜育：西晋时人，字方叔，历任汝南太守、右将军、国子监祭酒等职。曾任中书舍人，人称晋舍人。八王之乱时，被杀。杜育的《荈赋》是现今所见最早与品茗有关的文学，其词曰：「灵山惟岳，奇产所钟。厥生荈草，弥谷被岗。承丰壤之滋润，受甘霖之霄降。」

⑤鹾簋（cuó guǐ）：盛盐的器皿。鹾，盐。《礼记·曲礼》：「盐曰咸鹾。」簋，古代盛食物竹器，圆口，双耳。

⑥越州、鼎州、婺州：越州，即今浙江省绍兴一带。唐时越窑主要在余姚，所产青瓷，极名贵。鼎州，即今陕西省径阳三原一带。婺州，即在今浙江省金华一带。

⑦岳州、寿州、洪州、邢州：皆唐时州郡名，即在今湖南岳阳、安徽寿县、江西南

昌、河北邢台一带。

⑧畚（běn）：草笼，用蒲草或竹篾编织的盛物器具。

⑨绝（shī）：粗绸，似布。

⑩扃（jiōng）：可以上闩、关锁的插关。

【译文】碾槽，最好是橘木来做，其次就是用梨木、桑木、桐木、柘木等。碾槽里面是圆的外面是方的。里面是圆的，就是为了方便运转，外面做成方的，就是为了防止它翻倒。碾槽里面恰恰放得下一个碾磙，再也没有多余的空隙了。木质的碾磙，酷似车轮，只是没有车辐，在中间安装上一根轴。轴长有九寸，宽有一寸七分。木碾磙，直径有三寸八分，中间的厚度是一寸，边缘的厚度是半寸。轴的中间是方的，手握的地方是圆的。拂末，即用来清扫茶叶碎末的用具，这种用具是用鸟的羽毛做成的。

罗、盒，把用罗筛好的茶末放置到盒子里，然后用盒盖严密封存，把「则」这种量器也放在盒中。罗，把大竹剖开，然后弯屈成一个圆形的框子，在这个圆竹框子的底部安装上轻细的纱或者是绢。盒是用竹节制成的，或者用杉树片弯曲成圆形，然后涂上油漆。盒的高度有三寸，盖子有一寸，盒底有二寸，盒子最宽处的直径有四寸。

则，是用海中的贝壳之类，或用铜、铁、竹做的匙、策之类制作而成。「则」意指度量的标准。一般来说，就是烧开一升的水，用一个一寸见方的小竹匙来量取茶末。如果喜欢味道稍淡点的，就少取一些茶末；喜欢喝浓茶的，摄取的量就多一些，所以叫「则」。

水方，是用翚、槐、楸、梓等木制作而成的，内面和外面的缝都加涂油漆，容水量是一斗。

漉水囊，即漉水袋，同常用的一样，它的骨架是用生铜锻造的，以避免打湿之后沾着铜绿和污垢，使水的味道变得腥涩。用熟铜的话，就容易产生铜绿和污垢；用铁铸造的话，就容易产生铁锈，使水变得腥涩。隐居山林的人，也有用竹或木来制作的。但是竹木制品耐用性差，不方便携带远行，所以用生铜做。滤水的袋子，是用青篾丝编织而成的，即把青篾丝卷曲成袋形，再裁剪碧绿的绢缝制，然后再缀上翠钿当作装饰。然后还要再做一个绿色的油布口袋把漉水囊完全包装起来。漉水囊的直径有五寸，柄长是一寸五分。

瓢，又叫牺或杓。它是用瓠瓜（葫芦）剖开制成的，或是用树木掏空制成。晋朝杜育的《荈赋》里讲到「用瓠舀取」。瓠，就是瓢的意思。瓢的口径大、厚度薄、手柄短。在晋代永嘉年间，有一个余姚人虞洪到瀑布山采茶，遇见一位道士。这个道士对他说：「我是丹邱子，希望你以后有机会把瓯、牺中多的茶送给我一点，让我喝。」牺，就是木杓。现在的木杓常用梨木挖成。

竹筴，质料不一，有的用桃木做，有的用柳木、蒲葵木或柿心木做。长有一尺，用银来包裹两头。

鹾簋，是用瓷做成的，它是圆形的，直径有四寸，像一个盒子，也有的做成瓶形，或小口的坛形，一般都用来盛放食盐。揭，是用竹子制成的，长有四寸一分，宽有九分。这是用来取盐的。

熟盂，是用来盛放开水的，它是瓷器或陶器，容量有二升。

碗，越州产的品质最好，鼎州、婺州的稍差些，岳州产的也好，寿州、洪州生产的就稍差些。有人认为邢州产的瓷碗比越州的好，（我认为）完全不是这样的。如果说邢州的瓷器质地如银的话，那么越州的瓷器就像是玉，这就是邢瓷不如越瓷的第一点。如果说邢瓷如白雪，那么越瓷就如同寒冰，这是邢瓷不如越瓷的第二点。邢瓷色白而使茶汤呈现出红色，越瓷色青而使茶汤呈现出绿色，这是邢瓷不如越瓷的第三点。晋代杜育《荈赋》说的「器择陶拣，出自东瓯」意指要挑选上等的陶瓷好器皿，就要选好东瓯的。瓯（地名），就是越州，瓯（容器名，形似瓦盆），越州出产的最好，口不卷边，底部卷边而浅，容积不超过半升。越州瓷、岳州瓷都是青色的，能彰显茶的水色，使茶汤呈现出白红色，邢州的瓷器色白，茶汤是红色的；寿州的瓷器色黄，茶汤呈现出紫色；洪州瓷器色褐，茶汤呈现出黑色，这些都不适合盛放茶。

畚，是用白蒲草编成的，里面可以放置十只碗。也有用竹筥的。纸帕，是用两层剡纸，裁成方形，也是用十张。

札，即用茱萸木中间夹上棕榈皮，捆系紧实。或者用一段竹子，扎上棕榈的纤维，如同一只大毛笔（作刷子用）。

涤方，是盛洗涤的茶具，是用楸木制成的，它的制法和水方一样，容积都是八升。

滓方，是用来盛各种茶的渣滓的。制作方法也和涤方一样，容积是五升。

巾，是用粗绸子做成的，长有二尺，做成两块，以便交替使用，用来清洁茶具。

具列，都做成床的形状或者架子的形，或完全都用木制成，或完全都用竹制成，也可木竹兼用的，做成一个小柜子，漆成黄黑色，有门可以关，长有三尺，宽有二尺，高有六寸。之所以叫它具列，是因为它可以贮放陈列全部的器物。

都篮，因为能够盛下所有的器具而得名。它是用竹篾编织而成的，内面编成三角形或者方形的眼，外面用两道宽篾当作经线，一道窄篾作纬线，交替编压在作经线的两道宽篾上，编织成方眼，使它玲珑剔透看上去好看。都篮高有一尺五寸，长约二尺四寸，阔有二尺，底宽一尺，高二寸。

茶經卷下

唐 陸羽 撰

五之煮

凡炙茶慎勿於風燼間炙熛焰如鑽使炎涼不均持以逼火屢其（飛沓）正候炮（普教反）出培塿狀蝦蟇背然後去火五寸卷而舒則本其始又炙之若火乾者以氣熟止日乾者以柔止

其始若茶之至嫩者蒸罷熱搗葉爛而牙筍

存焉假以力者持千鈞杵亦不之爛如漆科
珠壯士接之不能駐其指及就則似無穰骨
也炙之則其節若倪倪如嬰兒之臂耳既而
承熱用紙囊貯之精華之氣無所散越候寒
末之（末之上者其屑如細米末之下者其屑如菱角）其火用炭次用
勁薪（謂桑槐桐櫪之類也）其炭曾經燔炙為膻膩所及
及膏木敗器不用之（膏木謂柏桂檜也敗器謂朽廢物也）古人
有勞薪之味信哉其水用山水上江水中井
水下（荈賦所謂水則岷方之注揖彼清流）其山水揀乳泉石池

慢流者上其瀑湧湍漱勿食之久食令人有頸疾又多別流於山谷者澄浸不洩自火天至霜郊以前或潛龍蓄毒於其間飲者可決之以流其惡使新泉涓涓然酌之其江水取去人遠者井取汲多者其沸如魚目微有聲為一沸緣邊如湧泉連珠為二沸騰波鼓浪為三沸已上水老不可食也初沸則水合量調之以鹽味謂棄其啜餘（啜嘗也市稅反又市悅反）無迺䶣䶥而鍾其一味乎（上古暫反下吐濫反無味也）第二沸

出水一瓢以竹夾環激湯心則量末當中心而下有頃勢若奔濤濺沫以所出水止之而育其華也凡酌置諸盌令沫餑均字書并本草餑均茗沫也蒲笏反沫餑湯之華也華之薄者曰沫厚者曰餑細輕者曰花如棗花漂漂然於環池之上又如迴潭曲渚青萍之始生又如晴天爽朗有浮雲鱗然其沫者若綠錢浮於水渭又如菊英墮於罇俎之中餑者以滓煮之及沸則重華累沫皤皤然若積雪耳荈賦所謂煥

如積雪燁若春蘤有之第一煮水沸而棄其沫之上有水膜如黑雲母飲之則其味不正其第一者為雋永徐縣全縣二反至美者曰雋永雋味也永長也味長曰雋永漢書蒯通著雋永二十篇也或留熟以貯之以備育華救沸之用其第一與第二第三盌次之第四第五盌外非渴甚莫之飲凡煮水一升酌五分盌盌數少至三多至五若人多至十加兩爐乘熱連飲之以重濁凝其下精英浮其上如冷則精英隨氣而竭飲啜不消亦然矣茶性儉不宜廣則其味黯

澹且如一滿盌啜半而味寡況其廣乎其色緗也其馨𣢾也（香至美曰𣢾，𣢾音使）其味甘檟也不甘而苦荈也啜苦咽甘茶也（一本云其味苦而不甘檟也甘而不苦荈也）

六之飲

翼而飛毛而走去而言此三者俱生於天地間飲啄以活飲之時義遠矣哉至若救渴飲之以漿蠲憂忿飲之以酒蕩昏寐飲之以茶

茶之為飲發乎神農氏聞於魯周公齊有晏嬰漢有揚雄司馬相如吳有韋曜晉有劉琨張載與陸納謝安左思之徒皆飲焉滂時浸俗盛於國朝兩都并荊俞間以為比屋之飲

飲有觕茶散茶末茶餅茶者乃煮乃熬乃煬

乃舂貯於瓶缶之中以湯沃焉謂之痷茶或
用葱薑棗橘皮茱萸薄荷之等煮之百沸或
揚令滑或煮去沫斯溝渠間棄水耳而習俗
不已於戲天育萬物皆有至妙人之所工但
獵淺易所庇者屋屋精極所著者衣衣精極
所飽者飲食食與酒皆精極之茶有九難一
曰造二曰別三曰器四曰火五曰水六曰炙
七曰末八曰煮九曰飲陰採夜焙非造也嚼
味嗅香非別也羶鼎腥甌非器也膏薪庖炭

非火也飛湍壅潦非水也外熟内生非炙也碧粉縹塵非末也操艱攪遽非煮也夏興冬廢非飲也夫珍鮮馥烈者其盌數三次之者盌數五若坐客數至五行三盌至七行五盌若六人已下不約盌數但闕一人而已其雋永補所闕人

七之事

三皇炎帝神農氏周魯周公旦齊相晏嬰漢
仙人丹丘子黃山君司馬文園令相如揚執
戟雄吳歸命侯韋太傅弘嗣晉惠帝劉司空
琨琨兄子兗州刺史演張黃門孟陽傅司隸
咸江洗馬充孫參軍楚左記室太沖陸吳興
納納兄子會稽內史俶謝冠軍安石郭弘農
璞桓揚州溫杜舍人毓武康小山寺釋法瑤
沛國夏侯愷餘姚虞洪北地傅巽丹陽弘君

舉安任育宣城秦精𢡟煌單道開剡縣陳務
妻廣陵老姥河內山謙之後魏瑯琊王肅宋
新安王子鸞鸞弟豫章王子尚鮑昭妹令暉
八公山沙門譚濟齊世祖武帝梁劉廷尉陶
先生弘景皇朝徐英公勣
神農食經茶茗久服令人有力悅志
周公爾雅檟苦荼廣雅云荆巴間採葉作餅
葉老者餅成以米膏出之欲煮茗飲先炙令
赤色搗末置瓷器中以湯澆覆之用葱薑橘

子芼之其飲醒酒令人不眠

晏子春秋嬰相齊景公時食脫粟之飯炙三弋五卵茗茶而已

司馬相如凡將篇烏喙桔梗芫華款冬貝母木蘗蔞芩草芍藥桂漏蘆蜚廉雚菌荈詫白斂白芷菖蒲芒消莞椒茱萸

方言蜀西南人謂茶曰蔎

吳志韋曜傳孫皓每饗宴坐席無不率以七升為限雖不盡入口皆澆灌取盡曜飲酒不

過二升皓初禮異密賜茶荈以代酒

晉中興書陸納為吳興太守時衛將軍謝安嘗欲詣納（晉書云納為吏部尚書）納兄子俶怪納無所備不敢問之乃私蓄十數人饌安既至所設唯茶果而已俶遂陳盛饌珍羞畢具及安去納杖俶四十云汝既不能光益叔父柰何穢吾素業

晉書桓溫為揚州牧性儉每讌飲唯下七奠柈茶果而已

搜神記夏侯愷因疾死宗人字苟奴察見鬼神見愷來收馬并與其妻著平時布單衣入坐生時西壁大牀就人覓茶飲

劉琨與兄子南兗州刺史演書云前得安州乾薑一斤桂一斤黃芩一斤皆所須也吾體中潰悶常仰真茶汝可置之

傅咸司隸教曰聞南方有以困蜀嫗作茶粥賣為廉事打破其器具者又賣餅於市而禁茶粥以蜀姥何哉

神異記餘姚人虞洪入山採茗遇一道士牽三青牛引洪至瀑布山曰吾丹丘子也聞子善具飲常思見惠山中有大茗可以相給祈子他日有甌犧之餘乞相遺也因立奠祀後常令家人入山獲大茗焉

左思嬌女詩吾家有嬌女皎皎頗白皙小字為紈素口齒自清歷有姊字惠芳眉目粲如畫馳騖翔園林果下皆生摘貪華風雨中倏忽數百適心為茶荈劇吹噓對鼎鑠

張孟陽登成都樓詩云借問揚子舍想見長卿廬程卓累千金驕侈擬五侯門有連騎客翠帶腰吳鈎鼎食隨時進百和妙且殊披林採秋橘臨江釣春魚黑子過龍醢果饌踰蟹蝑芳荼冠六情溢味播九區人生苟安樂茲土聊可娛

傅巽七誨蒲桃宛柰齊柿燕栗峘陽黃梨巫山朱橘南中茶子西極石蜜

弘君舉食檄寒温既畢應下霜華之茗三爵

而終應下諸蔗木瓜元李楊梅五味橄欖懸
豹葵羹各一杯
孫楚歌茱萸出芳樹顛鯉魚出洛水泉白鹽出
河東美豉出魯淵薑桂茶荈出巴蜀椒橘木蘭
出高山蓼蘇出溝渠精稗出中田
華佗食論苦茶久食益意思
壺居士食忌苦茶久食羽化與韮同食令人
體重郭璞爾雅注云樹小似梔子冬生葉可
煮羹飲今呼早取為茶晚取為茗或一曰荈

蜀人名之苦茶

世說任瞻字育長少時有令名自過江失志既下飲問人云此為茶為茗覺人有怪色乃自分明云向問飲為熱為冷

續搜神記晉武帝宣城人秦精常入武昌山採茗遇一毛人長丈餘引精至山下示以茶茗而去俄而復還乃探懷中橘以遺精精怖負茗而歸

晉四王起事惠帝蒙塵還洛陽黃門以瓦盂

盛茶上至尊

異苑剡縣陳務妻少與二子寡居好飲茶茗以宅中有古塚每飲輒先祀之二子患之曰古塚何知徒以勞意欲掘去之母苦禁而止其夜夢一人云吾止此塚三百餘年卿二子恒欲見毀賴相保護又享吾佳茗雖潛壤朽骨豈忘翳桑之報及曉於庭中獲錢十萬似久埋者但貫新耳母告二子慚之從是禱饋愈甚

廣陵耆老傳晉元帝時有老姥每旦獨提一器茗往市鬻之市人競買自旦至夕其器不減所得錢散路傍孤貧乞人人或異之州法曹縶之獄中至夜老姥執所鬻茗器從獄牖中飛出

藝術傳燉煌人單道開不畏寒暑常服小石子所服藥有松桂蜜之氣所餘茶蘇而已釋道該說續名僧傳宋釋法瑤姓楊氏河東人永嘉中過江遇沈臺真言君在武康小山寺

年垂懸車飯所飲茶永明中勑吳興禮致上
京年七十九
宋江氏家傳江統以應遷愍懷太子洗馬常
上疏諫云今西園賣醯麫藍子菜茶之屬虧
敗國體
宋錄新安王子鸞豫章王子尚詣曇濟道人
於八公山道人設茶茗子尚味之曰此甘露
也何言茶茗
王微雜詩寂寂掩高閣寥寥空廣廈待君竟

不歸收領今就檟
鮑昭妹令暉著香茗賦
南齊世祖武皇帝遺詔我靈座上慎勿以牲
為祭但設餅果茶飲乾飯酒脯而已
梁劉孝綽謝晉安王餉米等啓傳詔李孟孫
宣教旨垂賜米酒瓜筍菹脯酢茗八種氣苾
新城味芳雲松江潭抽節邁昌荇之珍壃埸
擢翹越葺精之美羞非純束野麏裛似雪之
驢鮓異陶瓶河鯉操如瓊之粲茗同食粲酢

顧望楫免千里宿舂省三月種聚小人懷惠大
懿難忘陶弘景雜録苦茶輕身換骨昔丹丘子
黃山君常服之
後魏録瑯琊王肅仕南朝好茗飲蓴羹及還
北地又好羊肉酪漿人或問之茗何如酪肅
曰茗不堪與酪為奴桐君錄西陽武昌廬江
昔陵好茗皆東人作清茗茗有餑飲之宜人
凡可飲之物皆多取其葉天門冬扶揳取根
皆益人又巴東別有真茗茶煎飲令人不眠

俗中多煮檀葉并大皁李作茶並冷又南方
有瓜蘆木亦似茗至苦澁取為屑茶飲亦可
通夜不眠煮鹽人但資此飲而交廣最重客
來先設乃加以香芼輩坤元錄辰州漵浦縣
西北三百五十里無射山云蠻俗當吉慶之
時親族集會歌舞於山上山多茶樹
栝地圖臨遂縣東一百四十里有茶溪
山謙之吳興記烏程縣西二十里有溫山出
御荈

夷陵圖經黄牛荆門女觀望州等山茶茗出
焉
永嘉圖經永嘉縣東三百里有白茶山
淮陰圖經山陽縣南二十里有茶坡
茶陵圖經云茶陵者所謂陵谷生茶茗焉本
草木部茗苦茶味甘苦微寒無毒主瘻瘡利
小便去痰渴熱令人少睡秋採之苦主下氣
消食注云春採之
本草菜部苦茶一名茶一名選一名游冬生

益州川谷山陵道傍凌冬不死三月三日採乾注云疑此即是令茶一名茶令人不眠本草注按詩云誰謂茶苦又云堇茶如飴皆苦菜也陶謂之苦茶木類非菜流茗春採謂之苦梌途遐反

枕中方療積年瘻苦茶蜈蚣並炙令香熟等分擣篩煮甘草湯洗以末傅之

孺子方療小兒無故驚蹶以苦茶葱鬚煮服之

八之出

山南以峽州上峽州生遠安宜都夷陵三縣山谷襄州荆州次襄州生南鄭縣山谷荆州生江陵縣山谷衡州下生衡山茶陵二縣山谷金州梁州又下金州生西城安康二縣山谷梁州生褒城金牛二縣山谷

淮南以光州上生光山縣黄頭港者與峽州同義陽郡舒州次生義陽縣鍾山者與襄州同舒州生太湖縣潜山者與荆州同壽州下盛唐縣生霍山者與衡山同也蘄州黄州又下蘄州生黄梅縣山谷黄州生麻城縣山谷並與荆州梁州同也

浙西以湖州上湖州生長城顧渚山中與峽州光州同生山桑儒師二寺白茅山懸脚嶺與襄州荆南義陽郡同生鳳亭山伏翼閣飛雲曲水二寺啄木嶺與壽州常州同生安吉武康二縣

山谷與金州梁州同常州次常州義興縣生君山懸腳嶺北峰下與荆州義陽郡同生圈嶺善權寺石亭山與舒州同宣州杭州睦州歙州下宣州生宣城縣雅山與蘄州同太平縣生上睦臨睦與黃州同杭州臨安於潛二縣生天目山與舒州同錢塘生天竺靈隱二寺睦州生桐廬縣山谷歙州生婺源山谷與衡州同潤州蘇州又下潤州江寧縣生傲山蘇州長洲縣生洞庭山與金州蘄州梁州同劍南以彭州上生九隴縣馬鞍山至德寺棚口與襄州同綿州蜀州次綿州龍安縣生松嶺關與荆州同其西昌昌明神泉縣西山者並佳有過松嶺者不堪採蜀州青城縣生丈人山與綿州同青城縣有散茶木茶邛州次雅州瀘州下雅州百丈山名山瀘州瀘川者與金州同也眉州漢州又下眉州丹棱縣生鐵山者漢州綿竹縣生竹山者與潤州同浙東以越州上餘姚縣生瀑布泉嶺曰仙茗大者殊異小者與襄州同

明州婺州次明州資縣生榆荚村婺州東陽縣東自山與荆州同台州下始州豐縣生赤城者與歙州同黔中生恩州播州費州夷州江南生鄂州袁州吉州嶺南生福州建州韶州象州福州生閩方山之陰縣也其恩播費夷鄂袁吉福建泉韶象十一州未詳往往得之其味極佳

九之畧

其造法若方春禁火之時於野寺山園叢手而掇乃蒸乃舂乃焙以火乾之則又棨撲焙貫棚穿育等七事皆廢其煮器若松間石上可坐則具列廢用槁薪鼎櫪之屬則風爐灰承炭檛火筴交牀等廢若瞰泉臨澗則水方滌方漉水囊廢若五人已下茶可末而精者則羅廢若援藟躋嵒引絙入洞於山口炙而末之或紙包合貯則碾拂末等廢既瓢盌筴

札熟盂鹺簋悉以一筥盛之則都籃廢但城
邑之中王公之門二十四器闕一則茶廢矣

十之圖

以絹素或四幅或六幅分布寫之陳諸座隅則茶之源之具之造之器之煮之飲之事之出之畧目擊而存於是茶經之始終備焉

茶經卷下

卷下

五之煮

凡炙茶，慎勿于风烬间炙，熛焰如钻，使炎凉不均。持以逼火，屡其翻正，候炮(普教反)出培塿（lǒu），状虾蟆背①，然后去火五寸，卷而舒则本其始，又炙之。若火干者，以气熟止；日干者，以柔止。

其始若茶之至嫩者，蒸罢热捣，叶烂而牙笋存焉。假以力者，持千钧杵亦不之烂，如漆科珠②，壮士接之不能驻其指，及就则似无穰骨也。炙之，则其节若倪倪，如婴儿之臂耳。既而承热用纸囊贮之，精华之气无所散越，候寒末之。（末之上者，其屑如细米；末之下者，其屑如菱角。）

其火用炭，次用劲薪（谓桑、槐、桐、枥之类也。）其炭曾经燔炙，为膻腻所及，及膏木，败器不用之（膏木为柏、桂、桧也，败器谓朽废器也。）。古人有劳薪之味③，信哉！

其水，用山水上，江水次，井水下（《荈赋》所谓「水则岷方之注，挹④彼清流」。）其山水，拣乳泉、石池慢流者上，其瀑涌湍漱，勿食之，久食令人有颈疾。又多别流于山谷者，澄浸不泄，自火天至霜郊⑤以前，或潜龙蓄毒于其间，饮者可决之，以流其恶，使新泉涓涓然酌之。其江水，取去人远者。井水取汲多者。

其沸如鱼目⑥，微有声为一沸，缘边如涌泉连珠为二沸，腾波鼓浪为三沸，已上，水老不可食也。初沸则水合量，调之以盐味，谓弃其啜余（啜，尝也，市税反，又市悦反。）无乃䤚鑑而钟其一味乎？（䤚，古暂反。鑑，吐滥反。无味也。）第二沸出水一瓢，以竹筴环激汤心，则量末当中心而下，有顷势若奔涛溅沫，以所出水止之，而育其华也。

凡酌，置诸碗，令沫饽均。（字书并《本草》：「饽，均茗沫也。」蒲笏反。）沫饽，汤之华也。华之薄者曰沫，厚者曰饽，细轻者曰花，如枣花漂漂然于环池之上。又如回潭曲渚，青萍之始生；又如晴天爽朗，有浮云鳞然。其沫者，若绿钱浮于水渭⑦，又如菊英堕于尊俎⑧之中。饽者以滓煮之。及沸则重华累沫，皤皤然⑨若积雪耳。《荈赋》所谓「焕如积雪，烨若春藪⑩」，有之。

第一煮水沸，而弃其沫，之上有水膜如黑云母，饮之则其味不正。其第一者为隽永（徐县、全县二反。至美者曰隽永。隽，味也。永，长也。味长曰隽永，《汉书》蒯通著《隽永》二十篇也。）或留熟盂以贮之，以备育华、救沸之用。诸第一与第二、第三碗次之，第四、第五碗外非渴甚莫之饮。凡煮水一升，酌分五碗，（碗数少至三，多至五；若人多至十，加两炉。）乘热连饮之，以重浊凝其下，精英浮其上。如冷则精英随气而竭，饮啜不消亦然矣。

茶性俭⑪，不宜广，广则其味黯澹，且如一满碗，啜半而味寡，况其广乎！其色缃也，其馨𣋡也。（香至美曰「𣋡」，𣋡，音使。）其味甘，槚也；不甘而苦，荈也；啜苦咽甘，茶也。（《本草》云：其味苦而不甘，槚也；甘而不苦，荈也。）

【注释】①炮出培塿，状虾蟆背：炮，烘烤。培塿，小土丘。虾蟆背，有很多丘泡，不平滑，形容茶饼表面起泡如蛙背。

②如漆科珠：科，用斗称量。《说文》：「从禾，从斗。斗者，量也。」意指用漆斗

量珍珠，滑溜难量。

③劳薪之味：劳薪，旧时木轮车的车脚吃力最大，使用数年后，析以为烧柴。用旧车轮之类烧烤，食物会有异味。典出《晋书·荀勖传》。

④挹：舀取。

⑤自火天至霜郊：火天，夏天。五行火主夏，故称。《诗经·七月》：「七月流火。」霜郊，秋末冬初霜降大地。二十四节气中，「霜降」在农历九月下旬。

⑥鱼目：即鱼的眼珠子，意指水初沸时，水面有许多小气泡，像鱼眼睛，故称鱼目。后人又称「蟹眼」。

⑦水湄：宜作水湄，有水草的河边。《说文》：「湄，水草交为湄。」

⑧尊俎：古代盛酒食的器皿，樽以盛酒，俎以盛肉。这里指各种餐具。

⑨皤（pó）皤然：白发貌。形容年老，这里形容白色水沫。

⑩烨（yè）若春敷（fū）：烨，火光，日光，光辉灿烂。敷，花。《集韵》：「敷，花之通名。」

⑪茶性俭：俭，俭朴无华。比喻茶叶中可溶于水的物质不多。

【译文】烤饼茶的时候，注意千万不要在通风的余火上烤，因为飘忽不定的火苗犹如钻子一样，会使茶受热不均匀。在烤饼茶的时候一定要靠近火苗，不停地翻动饼茶，等到烤出饼茶上突起了像虾蟆背上的小疙瘩时，再远离火苗，与火苗距离五寸。当卷曲的茶饼又伸展开来的时候，就要还重复先前的方法又烤。如果制作茶叶的时候是用火烘干的，要烤到能冒热气为止；如果是太阳晒干的，那么就烤到柔软最好。

开始的时候，那些比较柔嫩的茶叶在蒸熟之后，要进行捣杵，当叶子捣烂了，而茶梗还是完整的。如果只用蛮力的话，即使用很重的杵杆捣杵茶叶，也不会捣烂它的。这就好像是圆滑的漆树子粒一样，它虽然轻而小，但壮士反而捏不住，这都是一个道理。茶叶捣好后，当一条梗子也没有了，这时就要烤了，要把茶叶烤到如同婴儿的手臂那样柔软。烤好了，就要趁热用纸袋包装起来，这样就能使它的香气不致散发，等茶叶冷下来再碾成末。

烤饼茶的火，最好是用木炭的火，其次就是用火力比较强的柴。如果炭曾经烤过肉，或是染上了腥膻油腻气味，就不能用了。如果是带了油烟的柴或是朽坏的木器，也不能用。古人说「用朽坏的木器来烧煮食物，就会发出怪味」，确实如此。

煮茶的水，用山水是最好的，其次就是江河的水，井水最差。山水，最好选取乳泉、石池等流速较慢的水，奔涌湍急的水最好不要饮用，长期饮用这种水会就使人颈部生病。如果有几处溪流汇合，停蓄在山谷里，即使水很澄清，但不会流动。从热天到霜降之前，或许会有龙潜伏在其中，水质污染有毒，要喝时就应先挖开缺口，把污秽有毒的水放走，令新鲜的泉水涓涓流来，然后饮用。江河的水，就要到离人远的地方去取，井水的选取就要从有很多人汲水的井中汲取。

水煮沸了，有小小的气泡像是鱼的眼珠子一样，还有些轻微的响声，叫做「一沸」。锅的边缘如果有气泡连珠般地往上窜，叫做「二沸」。待到水波翻腾，狂沸起来，就叫做「三沸」。如果再继续煮的话，水老了就煮过了，味不好，就不适宜饮用了。

开始沸腾时，按照水量放适当的盐调味，把尝剩下的那点水泼掉。切莫因无味而过分加盐，否则，不就成了特别喜欢这种盐味了吗！第二沸时，就要舀取一瓢水，再用竹夹在沸水之中转圈搅动，用「则」这种量器来量取茶末，然后沿旋涡中心倒下。过一会儿，水就大开了，水面上波涛翻滚，水沫飞溅，就要再把舀出的水倒进去，使水不再沸腾，这样以便使水面的「华」生成保养。

喝的时候，就要舀到碗里，让「沫饽」均匀。「沫饽」即是茶汤的「华」。薄的就叫「沫」，厚的就叫「饽」，细轻的叫「花」。「花」的外貌，犹如枣花在圆形的池塘上浮动一样，又如同回环曲折的潭水、绿洲间新生的浮萍，又恰似晴朗天空中片片鳞状的浮云。那「沫」，就像是青苔浮在水边上一样，又像是菊花落入杯中一样。那「饽」，就是在煮茶的渣滓时，水沸腾的时候，水面上会堆起一层很厚的白色沫子，白白的如同积雪一般。《荈赋》中讲的「明亮像积雪，光彩如春花」，真的是这样的。

第一次煮开的水，要把沫上一层像黑云母样的膜状物去掉，它的味道是不好的。以后，从锅里舀出的第一道水，味很美味很长，就叫做「隽永」，通常就把它贮放在「熟盂」里，以用来育华止沸。以下第一、第二、第三碗，味道就稍微差一些。第四、第五碗之外，如果不是渴得太厉害，那就不要喝了。一般烧水一升，就要分成五碗，趁热把五碗都喝完。因为重浊不清的东西都凝聚沉淀在下面，精华都浮在上面，如果茶一冷，精华就跟着热气跑光了。要是喝得太多，也同样不好。

茶的性质比较「俭」，水不适合放多了，放多了，它的味道就淡。就像一满碗茶，喝了一半，味道就感觉到差些了，更何况水加多了呢！茶汤的颜色浅黄，香气四溢。味道甜的就叫「荈」，不甜的而苦的就叫「槚」；入口的时候有苦味，咽下去又有馀甘的才是「茶」。

六之饮

翼而飞，毛而走，呿而言①，此三者俱生于天地间。饮啄以活，饮之时，义远矣哉。至若救渴，饮之以浆；蠲忧忿②，饮之以酒；荡昏寐，饮之以茶。

茶之为饮，发乎神农氏③，闻于鲁周公④，齐有晏婴⑤，汉有扬雄、司马相如⑥，吴有韦曜⑦，晋有刘琨、张载、远祖纳、谢安、左思之徒⑧，皆饮焉。滂时浸俗，盛于国朝，两都并荆、俞（俞，当作渝。巴渝也）间⑨，以为比屋之饮。

饮有觕茶、散茶、末茶、饼茶者，乃斫，乃熬，乃炀，乃舂，贮于瓶缶之中，以汤沃焉，谓之痷茶⑩。或用葱、姜、枣、橘皮、茱萸、薄荷之等，煮之百沸，或扬令滑，或煮去沫，斯沟渠间弃水耳，而习俗不已。

於戏！天育万物皆有至妙，人之所工，但猎浅易。所庇者屋屋精极，所著者衣衣精极，所饱者饮食，食与酒皆精极之。茶有九难：一曰造，二曰别，三曰器，四曰火，五曰水，六曰炙，七曰末，八曰煮，九曰饮。阴采夜焙非造也，嚼味嗅香非别也，膻鼎腥瓯非器也，膏薪庖炭非火也，飞湍壅潦⑪非水也，外熟内生非炙也，碧粉缥尘非末也，操艰搅遽⑫非煮也，夏兴冬废非饮也。

夫珍鲜馥烈者，其碗数三；次之者，碗数五。若坐客数至五，行三碗；至七，行五碗。若六人已下，不约碗数，但阙一人而已，其隽永补所阙人。

【注释】①呿（qū）而言：呿，张口的样子。《集韵》：「启口谓之呿」。意指开口会说话的人。

②蠲（juān）忧忿：蠲，除去，免除。《史记·太史公自序》：「蠲除肉刑」。

③神农氏：传说中的上古三皇之一，始教民为耒耜，务农业，故称神农氏。又传他曾尝百草，发现药材，教人治病。教民稼穑，号神农，后世尊为炎帝，谓以火德王。因有后人伪作的《神农本草》等书流传，其中提到茶，故云「发乎神农氏」。

④鲁周公：名姬旦，周文王之子，辅佐武王灭商，建西周王朝，「制礼作乐」，后世尊为周公。武王崩，成王幼，周公摄政，东平武庚、管叔、蔡叔之叛，继而厘定典章、制度，复营洛邑为东都，天下臻于大治。后多作圣贤的典范。因封国在鲁，又称鲁周公。后人伪托周公作《尔雅》，讲到茶。

⑤晏婴：春秋时期齐国大夫，字平仲，夷维（今山东高密）人，历仕灵公、庄公、景公为卿。奉景公命出使晋国联姻，与晋大夫叔向议论齐国政局，预言齐国政权将被田氏取代。传世有《晏子春秋》，讲到他饮茶事。

⑥扬雄、司马相如：扬雄，见前注。司马相如（约前179年~前118年），字长卿，汉族，蜀郡（今四川成都）人，西汉大辞赋家，著有《子虚赋》《上林赋》等。

⑦韦曜：韦曜（204年~273年），本名韦昭，字弘嗣，吴郡云阳（今江苏丹阳）人，三国时期著名史学家、东吴四朝重臣。韦曜是中国古代史上从事史书编纂时间最长的史学家，后世《三国志》多取材其《吴书》。

⑧晋有刘琨、张载、远祖纳、谢安、左思之徒：刘琨，西晋诗人，字越石，中山魏昌（今河北无极）人。官至并州刺史，长期与匈奴贵族刘曜、刘聪对抗。后兵败，投奔鲜卑贵族段匹，被杀。代表作《重赠卢谌》及《扶风歌》《答卢谌》等诗，慷慨悲凉。明人辑有《刘越石集》。张载，西晋文学家，字孟阳。安平（今河北安平）人，生卒年不详。

性格闲雅，博学多闻。曾任佐著作郎、著作郎、记室督、中书侍郎等职。西晋末年世乱，托病告归。有《张孟阳集》传世。远祖纳，即陆讷（320年~395年），字祖言，吴郡吴人（今江苏苏州），东晋时任吏部尚书等职。陆羽与其同姓，故尊为远祖。谢安（319年~385年），字安石。陈郡阳夏（今河南太康）人。东晋著名政治家、宰相，名士谢尚的从弟。左思，中国西晋文学家，字太冲，齐国临淄（今属山东）人，其诗《咏史》八篇为其代表作。曾构思十年写成《三都赋》（《蜀都赋》《吴都赋》《魏都赋》），当时豪富人家竞相传抄，以致「洛阳纸贵」。后人辑有《左太冲集》。

⑨两都并荆俞间：两都，即指长安和洛阳。荆州，治所在今湖北江陵。俞，当作渝，渝州，治即今重庆一带。

⑩痷（ān）茶：泡茶术语，指以水浸泡茶叶。

⑪飞湍壅潦：飞湍，飞奔的急流。壅潦，停滞的积水。潦，雨后积水。

⑫操艰搅遽：操作艰难、慌乱。遽，惶恐、窘急。

【译文】禽鸟翅膀硬实了就会飞，兽类的毛皮丰满了就要奔跑，人开口就能言，这三者都生在天地之间，都要依靠饮水、吃食物来维持生命活动。可见喝饮的作用十分重大，意义深远。为了解渴，就要喝水；为了兴奋就要消愁解闷，所以要喝酒；为了提神而解除瞌睡，那么就要喝茶了。

茶作为饮品，早在神农氏时就已经开始了，后来周公旦作了茶的文字记载，才为大家所知。春秋时齐国的晏婴，汉代的扬雄、司马相如，以及三国时吴国的韦曜，晋代的刘琨、张载、陆纳、谢安、左思等人都喜欢喝茶。后来流传一天一天地广泛起来，逐渐成为社会的风气，到唐朝的时候达到极盛。在西安、洛阳两个都城和江陵、重庆等地，家家户户都在饮茶。

茶的种类很多，有粗茶、散茶、末茶、饼茶。饮用茶的时候，这些茶都是经过采摘，蒸熬、烤干、研磨，最后放到瓶缶中，用开水冲灌，这样叫做浸泡的茶。或者在茶里添加葱、姜、枣、橘皮、茱萸、薄荷等，煮开很长的时间，把茶汤扬起变清，或煮好之后再把茶上的「沫」去掉，这样的茶就和倒在沟渠里的废水没有什么区别了，可是一般人都习惯这么喝茶！

呜呼！天生万物，都有它最精妙的地方，然而人们擅长的，也仅仅只是它那些浅显易做的而已。住的是房屋，房屋的构造已经精致极了；所穿的是衣服，衣服做的已经精美极了；饱肚子的是饮食，而食物和酒也都已经精美极了。然而，用茶水却不擅长，为什么呢？概言之，茶要做到精致有九难：一是制造，二是识别，三是器具，四是火力，五是水质，六是炙烤，七是捣碎，八是烹煮，九是品饮。阴天采摘的茶叶，夜间烘烤，那就是制造不当；凭口嚼辨别味道，鼻闻辨别香味的，那就是鉴别不当；如果用沾染了膻气的锅和腥气的盆来煮茶或泡茶，那就是所用的器具不当；如果用有油烟的柴和烤过肉的炭来烘焙茶叶，那就是所选的燃料不当；如果用流动很急或停滞不流的水来做煮茶的水质，那就是选用水的不当；烤得外熟内生，那就是炙烤不当；捣得太细，都捣成了绿色的粉末，那就是捣碎不当了；操作不熟练，搅动的太急，那么就应该是烧煮不当了；夏天才喝，而冬天不喝，这就是饮用不当了。

属于珍贵鲜美馨香的茶，一炉只能有三碗。其次就是五碗。如果喝茶的客人达到五个人，那么就要舀出三碗传着喝；达到七个人，就要舀出五碗传着喝；如果是六个人，那就不用估量碗数了，只是按少一人计算，那就用「隽永」那瓢水来补充所少算的一份。

七之事

三皇：炎帝神农氏。

周：鲁周公旦，齐相晏婴。

汉：仙人丹丘子，黄山君，司马文园令相如，扬执戟雄。

吴：归命侯①，韦太傅弘嗣。

晋：惠帝②，刘司空琨，琨兄子兖州刺史演，张黄门孟阳③，傅司隶咸④，江洗马充⑤，孙参军楚⑥，左记室太冲，陆吴兴纳，纳兄子会稽内史俶，谢冠军安石，郭弘农璞，桓扬州温⑦，杜舍人毓，武康小山寺释法瑶，沛国夏侯恺⑧，余姚虞洪，北地傅巽，丹阳弘君举，乐安任育长⑨，宣城秦精，敦煌单道开⑩，剡县陈务妻，广陵老姥，河内山谦之。

后魏：琅琊王肃⑪。

宋：新安王子鸾，鸾弟豫章王子尚⑫，鲍昭妹令晖⑬，八公山沙门昙济⑭。

齐：世祖武帝⑮。

梁：刘廷尉⑯，陶先生弘景⑰。

【注释】①归命侯：即即顺应天命归顺投降的亡国之君。这里指东吴亡国之君孙皓。公元280年，晋灭东吴，孙皓衔璧投降，封「归命侯」。

②惠帝：晋惠帝司马衷（259年~307年），字正度，晋武帝司马炎第二子，母武元皇

后杨艳，西晋第二位皇帝，290年~307年在位。在位17年。

③张黄门孟阳：西晋文学家。字孟阳。安平（今河北安平）人。生卒年不详。性格闲雅，博学多闻。曾任佐著作郎、著作郎、记室督、中书侍郎等职。但未任过黄门侍郎。任黄门侍郎的是他的弟弟张协。

④傅司隶咸：傅咸（239年~294年），字长虞，北地泥阳人（今陕西铜川），官至司隶校尉，简称司隶。傅咸，西晋文学家。傅玄之子。曾任太子洗马、尚书右丞、御史中丞等职。

⑤江洗马统：江统（？~310年），字应元，陈留县人（今河南杞县东）。历任山阴县令、中郎、太子洗马、博士、尚书郎、参大司马、廷尉正、黄门侍郎、散骑常侍等。

⑥孙参军楚：孙楚（？~293年），字子荆。太原中都（今山西省平遥县西北）人，西晋官员、文学家。曾为镇东将军石苞的参军。

⑦桓扬州温：。桓温（312年~373年），字符子，一作符子，汉族，谯国龙亢（今安徽省怀远县龙亢镇）人。东晋杰出的军事家、权臣，谯国桓氏代表人物，宣城内史桓彝长子，东汉名儒桓荣之后。曾任扬州牧等职。

⑧沛国夏侯恺：《晋书》无传。干宝《搜神记》中提到他。

⑨乐安任育长：任育长，生卒年不详，乐安人（今山东博兴一带）。名瞻，字育长，曾任天门太守待职。

⑩敦煌单道开：晋时著名道士，敦煌人。《晋书》有传。

⑪琅琊王肃：王肃（436年~501年）字恭懿，琅琊人（今山东临沂），北魏著名文士，曾任中书令待职。

⑫新安王子鸾、鸾弟豫章王子尚：刘子鸾、刘子尚，都是南北朝时宋孝武帝的儿子。

一封新安王，一封豫章王。但子尚为兄，子鸾为弟。

⑬鲍昭妹令晖：鲍照（约415年～466年）南朝宋文学家，与颜延之、谢灵运合称「元嘉三大家」。字明远，汉族，祖籍东海（今山东省临沂市兰陵县南桥镇），久居建康（今南京）。家世贫贱，临海王刘子项镇荆州时，任前军参军。刘子项作乱，照为乱兵所杀。他长于乐府诗，其七言诗对唐代诗歌的发展起了很重要的作用。有《鲍参军集》。其妹令晖，擅长词赋，钟嵘《诗品》说她：「歌待往往崭新清巧，拟古尤胜。」

⑭八公山沙门昙济：八公山，位于安徽省淮南市与寿县古城交界处，是著名的文化胜地，汉文化重镇。沙门，佛家指出家修行的人。昙济，即下文说的「昙济道人」。

⑮世祖武帝：南北朝时南齐的第二个皇帝，名萧赜，483年～493年在位。

⑯刘廷尉：刘孝绰（480年～539年），字孝绰，本名冉，小字阿士，彭城（今江苏徐州）人。能文善草隶，号「神童」。年十四，代父起草诏诰。初为著作佐郎，后官秘书丞。它迁廷尉卿，被到洽所劾，免职。后复为秘书监。

⑰陶先生弘景：陶弘景（456年~536年），字通明，南朝梁时丹阳秣陵（今江苏南京）人，号华阳隐居。著名的医药家、炼丹家、文学家，人称「山中宰相」。作品有《本草经注》《集金丹黄白方》《二牛图》《陶隐居集》等。

【译文】（共四十七则，择有关人名略记于下）三皇：炎帝神农氏。

周朝：鲁国的周公姬旦，齐相晏婴。

汉朝：仙人丹邱子，黄山君，孝文帝时期任园令的司马相如，任给事黄门侍郎的扬雄。

吴国：归命侯，太傅韦宏嗣（韦曜）。

晋朝：晋惠帝，司空刘琨，以及刘琨兄长的儿子兖州刺史刘演，张孟阳（张载），任职司隶校尉的傅咸，任职太子洗马的江统，任职参军的孙楚，任职记室督的左太冲（左思），吴兴人陆纳，纳兄的儿子会稽内史陆俶，冠军谢安石（谢安），任职弘农太守的郭璞，扬州太守桓温，任职舍的杜毓，武康小山寺和尚法瑶，沛国人夏侯恺，余姚人虞洪，北地人傅巽，丹阳人弘君举，乐安人任瞻，宣城人秦精，敦煌人单道开，剡县陈务之妻，广陵一老妇人，河内人山谦之。

后魏：琅琊人王肃。

刘宋：新安王子鸾，以及子鸾的弟弟豫章王子尚，鲍照的妹妹鲍令晖，八公山的和尚谭济。

南齐：世祖武皇帝。

南朝梁：廷尉刘孝绰，陶弘景先生。

皇朝：徐英公勣①。

《神农食经》②：「茶茗久服，令人有力、悦志」。

周公《尔雅》：「槚，苦荼。」

《广雅》③云：「荆、巴间采叶作饼，叶老者饼成，以米膏出之，欲煮茗饮，先炙，令赤色，捣末置瓷器中，以汤浇覆之，用葱、姜、橘子芼之，其饮醒酒，令人不眠。」

《晏子春秋》④：「婴相齐景公时，食脱粟之饭，炙三弋、五卵茗茶而已。」

司马相如《凡将篇》⑤：「乌喙、桔梗、芫华、款冬、贝母、木蘖、蒌、芩草、芍药、桂、漏芦、蜚廉、雚菌、荈诧、白敛、白芷、菖蒲、芒消、莞椒、茱萸。」

《方言》：「蜀西南人谓茶曰蔎。」

《吴志·韦曜传》：「孙皓每飨宴坐席，无不率以七升为限。虽不尽入口，皆浇灌取尽，曜饮酒不过二升，皓初礼异，密赐茶荈以代酒。」

《晋中兴书》⑥：「陆纳为吴兴太守时，卫将军谢安常欲诣纳。（《晋书》云：纳为吏部尚书。）纳兄子俶怪纳无所备，不敢问之，乃私蓄

十数人馔。安既至，所设唯茶果而已。俶遂陈盛馔，珍羞必具，及安去，纳杖俶四十，云：『汝既不能光益叔父，奈何秽吾素业？』」

《晋书》：「桓温为扬州牧，性俭，每燕饮，唯下七奠，拌茶果而已。」

《搜神记》[7]：「夏侯恺因疾死，宗人字苟奴，察见鬼神，见恺来收马，并病其妻，着平上帻单衣入，坐生时西壁大床，就人觅茶饮。」

刘琨《与兄子南兖州[8]刺史演书》云：「前得安州[9]干姜一斤、桂一斤、黄芩一斤，皆所须也，吾体中溃闷，常仰真茶，汝可置之。」

傅咸《司隶教》曰：「闻南市有以蜀妪作茶粥卖，为廉事打破其器具。后又卖饼于市，而禁茶粥以困蜀姥，何哉！」

《神异记》[10]：「余姚人虞洪，入山采茗，遇一道士牵三青牛，引洪至瀑布山曰：『吾丹丘子也，闻子善具饮，常思见惠。山中有大茗可以相给，祈子他日有瓯牺之余，乞相遗也。』因立奠祀。后常令家人入山，获大茗焉。」

左思《娇女诗》[11]：「吾家有娇女，皎皎颇白皙。小字为纨素，口齿自清历。有姊字惠芳，眉目粲如画。驰骛翔园林，果下皆生摘。贪华风雨中，倏忽数百适。心为茶荈剧，吹嘘对鼎铴。」

张孟阳《登成都楼诗》[12]云：「借问杨子舍，想见长卿庐。程卓累千金，骄

侈拟五侯。门有连骑客，翠带腰吴钩。鼎食随时进，百和妙且殊。披林采秋橘，临江钓春鱼。黑子过龙醢，果馔逾蟹蝑。芳茶冠六清，溢味播九区。人生苟安乐，兹土聊可娱。」

傅巽《七诲》：「蒲桃、宛柰、齐柿、燕栗、峘阳黄梨、巫山朱橘、南中茶子、西极石蜜。」

弘君举《食檄》：「寒温既毕，应下霜华之茗，三爵而终，应下诸蔗、木瓜、元李、杨梅、五味、橄榄、悬豹、葵羹各一杯。

孙楚《歌》：『茱萸出芳树颠，鲤鱼出洛水泉，白盐出河东，美豉出鲁渊。姜、桂、茶荈出巴蜀，椒、橘、木兰出高山，蓼苏出沟渠，精稗出中田。』」

华佗《食论》⑬：「苦茶久食，益意思。」

壶居士⑭《食忌》：「苦茶久食羽化。与韭同食，令人体重。」

郭璞《尔雅注》云：「树小似栀子，冬生，叶可煮羹饮，今呼早取为茶，晚取为茗，或一曰荈，蜀人名之苦茶。」

《世说》⑮：「任瞻字育长，少时有令名。自过江失志，既下饮，问人云：『此为茶为茗？』觉人有怪色，乃自分明云：『向问饮为热为冷？』」

【注释】①徐英公勣：原名徐世勣，字懋功。唐高祖李渊赐其姓李，后避唐太宗李世民讳改名为李勣。汉族，曹州离狐（今山东菏泽东明县东南）人，唐初名将，与李靖并称，被封为英国公，为凌烟阁二十四功臣之一。早年从李世民平定四方，后来成为唐王朝开疆拓土的主要战将之一，曾破东突厥、高句丽，功勋卓著。

②《神农食经》：古书名，已佚。

③《广雅》：三国时张辑撰，是我国最早的一部百科词典。共收字18150个，是仿照《尔雅》体裁编纂的一部训诂学汇编，相当于《尔雅》的续篇，篇目也分为19类，各篇的名称、顺序，说解的方式，以致全书的体例，都和《尔雅》相同，甚至有些条目的顺序也与《尔雅》相同。

④《晏子春秋》：又称《晏子》，是记载春秋时期（公元前770年～公元前476年）齐国政治家晏婴言行的一种历史典籍，用史料和民间传说汇编而成。旧题齐晏婴撰，实为后人采晏子事辑成，成书约在汉初。

⑤《凡将篇》：伪托司马相如作的字书，已佚。此处引文为后人所辑。

⑥《晋中兴书》：七十八卷，一作八十卷。南朝宋何法盛撰。何法盛，宋孝武帝时为奉朝请，校书东宫。有清人辑存一卷。

⑦《搜神记》：是一部记录中国古代汉族民间传说中神奇怪异的故事集，搜集了古代的神异故事共四百多篇，开创了中国古代神话的先河，作者是东晋史学家干宝。

⑧南兖州：晋时州名，晋明帝太宁三年（325年），侨置兖州于广陵（扬州市区）。晋成帝时，兖州改称南兖州，治所在今江苏镇江市。

⑨安州：晋时州名。晋隆安元年（397年），北魏道武帝拓跋珪攻取中山，取希望安宁之意，在中山设安州。治所在今湖北安陆县一带。

⑩《神异记》：西晋王浮著，原书已佚。

⑪左思《娇女诗》：原诗五十六句，是晋代文学家左思的诗作。陆羽所引仅为有关茶的十二句。

⑫张孟阳《登成都楼诗》：张孟阳，见前注。原诗三十二句，陆羽仅录有关茶的十六句。

⑬华佗《食论》：华佗（约141年~208年），东汉末年著名医学家，字符化，一名旉，汉族，沛国谯县人。华佗与董奉、张仲景（张机）并称为「建安三神医」。

⑭壶居士：道家臆造的真人之一，又称壶公。

⑮世说：即《世说新语》，是一部记述魏晋士大夫玄学言谈轶事的笔记小说。南朝宋临川王刘义庆著，为我国志人小说之始。

【译文】唐朝英国公徐勣。

《神农食经》说：「长期引用茶水，可以使人精力饱满、兴奋。」

周公《尔雅》说：「槚，就叫苦茶。」

《广雅》说：「荆州、巴州一带的地方，采摘茶叶做成茶饼，制成茶饼后的叶子比较老的，就用米汤来浸泡它。想煮茶喝的时候，就要先烘烤茶饼，使茶饼呈现出红色来，然后再把茶饼捣成碎末放入瓷器中，冲进开水。或者放一些葱、姜、橘子一起煎煮。喝了它可以醒酒，使人精神振奋而不想睡。」

《晏子春秋》说：「晏婴作齐景公的宰相时，吃的是粗粮和烧烤的禽鸟和蛋品，除此之外，也就只有饮茶了。」

汉司马相如《凡将篇》在药物类中就记载到：「乌头、桔梗、芫花、款冬花、贝母、木香、黄柏、瓜蒌、黄芩、甘草、芍药、肉桂、漏芦、蟑螂、藿芦、荈茶、白蔹、白芷、菖蒲、芒硝、茵芋、花椒、茱萸。」

汉扬雄《方言》说：「蜀地西南的百姓都把茶叶收做蔎。」

三国《吴志·韦曜传》说：「孙皓每次设宴，规定每个人都要饮酒七升，即使不全部喝下去，也要把酒都酌取完。韦曜饮酒不超过二升。孙皓当初非常尊重他，就暗地赐他茶以代替酒。」

《晋中兴书》说：陆纳做吴兴太守的时候，卫将军谢安常想去拜访他。陆纳的侄子陆俶奇怪他没有准备什么，但又不敢问，便私自准备了十多个人用的菜肴饭食。谢安来到之后，陆纳仅仅摆出茶和果品招待，陆俶于是就摆上了丰盛的肴馔，各种鲜味的菜全都有。等到谢安走后，陆俶就被他的叔叔打了四十板子，说：「你既不能使你的叔父增添光彩，为什么还要破坏我廉洁的名声呢？」

《晋书》说：「桓温在任职扬州太守的时候，他性好节俭，每次宴会，就只准备七个盘子的茶食、果馔。」

《搜神记》说：「夏侯恺因病去世之后，他族人的儿子苟奴看见了鬼魂。他看到夏侯恺回来取马匹，而且把他的妻子也弄病了。苟奴看见他戴着平上帻，穿着单衣，进屋来还找到他活着的时候经常坐的西壁的床位坐下来，然后就向人讨要茶水喝。」

刘琨《与兄子南兖州刺史演书》中说：「前些时候收得安州干姜一斤、桂一斤、黄芩一斤，都是我需要的。我心烦意乱，精神不好时，常常靠着喝茶来提振精神，排遣郁闷，你可以多购买一点。」

傅咸《司隶教》中说：「听说剑南蜀郡有一位老婆婆，自己煮茶水在街上叫卖，管理街市的官吏看到了，就把她的器皿打破了，禁止她在市上卖茶饼和茶羹，这使老婆婆陷入了困境，这究竟是为什么呢？」

《神异记》里面说：「余姚人虞洪进山采摘茶叶，就遇到一位道士，这个道士牵着三只青牛。他带虞洪到瀑布山上后，说：『我是丹邱子，听说你善于煮茶喝，想麻烦你。山中有一棵很大的茶树，你可以在此采摘。希望你日后有喝不完的茶，就送一些给我喝。』虞洪于是就设奠祭祀了这位道人，后来他经常叫家人进山，果然找到了那棵大茶树。」

西晋左思《娇女诗》云：「我家有娇女，长得很白皙。小名叫纨素，口齿很伶俐。姐姐叫蕙芳，眉目美如画。蹦蹦跳跳园林中，果子未熟就摘下。爱花哪管风和雨，跑出跑进上百次。看见煮茶心高兴，对着茶炉帮吹气。」

张孟阳《登成都楼》诗大意说：请问当年扬雄住在哪里呢？司马相如的故居又是什么样子？昔日程郑、卓王孙这两个大豪门，骄奢淫逸，可与王侯之家比媲。他们的门前经常是车水马龙，宾客不断，腰间总是飘曳着绿色的缎带，佩挂着名贵的宝刀。家中吃的山珍海味，精妙无双。真可谓显赫权贵至极了。秋天里，人们在橘林中采摘着丰收的柑橘；春天里，人们就在江边垂钓。果品胜过佳肴，鱼肉格外细嫩。芳香的茶茗胜过各种饮品，它的美味在天下富有盛名。如果人一辈子只是知道苟且寻求安乐的话，那成都这个地方还是可以供人们尽情享乐的。

傅巽《七诲》说：「蒲地的桃子，宛地的苹果，齐地的柿子，燕地的板栗，恒阳的黄梨，巫山的红橘，南中的茶子，西极的石蜜。」

弘君举《食檄》说：「见到寒暄一番之后，就要先请客人喝浮有白沫的三杯好茶。然后再陈上甘蔗、木瓜、元李、杨梅、五味、橄榄等果品。悬豹、葵羹各饮一杯。」

孙楚《歌》云：「茱萸是在树颠上取得的，鲤鱼是在洛水中捕捉的。白盐是出产出在河东，美豉是出产于鲁渊。姜、桂、茶则出产于巴蜀，椒、橘、木兰出产于高山。蓼苏生长在沟渠里，稗子生长在稻田中。」

《华陀食论》说：「长期饮用茶水，对思考有益处。」

壶居士《食忌》说：「长期饮用茶水，身体轻健，如同飘飘的仙子；如果把茶和韭菜在一起吃，就会容易增加人的体重。」

郭璞《尔雅注》说：「茶树矮小像栀子一样。冬季它的叶子不凋零，可以用来煮茶喝。现在把早上采的叫『茶』，晚上采的叫『茗』，还有的叫『荈』，蜀地的人称它作『苦茶』」。

《世说新语》中说：「任瞻，字育长，青年时期有好的名声，自从过江之后就改变气节丧失了心志。有一次到主人家作客，主人呈上茶，他问人说：『这是茶，还是茗？』发觉旁人有奇怪不解的表情，自己就辩解说：『刚才是问茶是热的，还是冷的？』」。

《续搜神记》①：「晋武帝世，宣城人秦精，常入武昌山采茗，遇一毛人，长丈余，引精至山下，示以从茗而去。俄而复还，乃探怀中橘以遗精，精怖，负茗而归。」

《晋四王起事》②：「惠帝蒙尘，还洛阳，黄门以瓦盂盛茶上至尊。」

《异苑》③：「剡县陈务妻，少与二子寡居，好饮茶茗。以宅中有古冢，每饮，辄先祀之。二子患之曰：『古冢何知？徒以劳意。』欲掘去之，母苦禁而止。其夜梦一人云：吾止此冢三百余年，卿二子恒欲见毁，赖相保护，又享吾佳茗，虽潜壤朽骨，岂忘翳桑之报④。及晓，于庭中获钱十万，似久埋者，但贯新耳。母告，二子惭之，从是祷馈愈甚。」

《广陵耆老传》：「晋元帝时有老姥，每旦独提一器茗，往市鬻之，市人竞买，自旦至夕，其器不减，所得钱散路傍孤贫乞人。人或异之，州法曹縶之狱中，至夜，老姥执所鬻茗器，从狱牖中飞出。」

《艺术传》⑤：「敦煌人单道开，不畏寒暑，常服小石子。所服药有松桂蜜之气，所饮茶、苏而已。」

释道说《续名僧传》：「宋释法瑶，姓杨氏，河东人，元嘉中过江，遇沈台真，请真君武康小山寺，年垂悬车，饭所饮茶，天明中敕吴兴，礼致上京，年七十九。」

宋《江氏家传》⑥：「江统字应元，迁愍怀太子⑦洗马，尝上疏，谏云：『今西园卖酰⑧、面、蓝子、菜、茶之属，亏败国体。』」

《宋录》：「新安王子鸾、豫章王子尚，诣昙济道人于八公山，道人设茶茗，子尚味之曰：此甘露也，何言茶茗。」

王微《杂诗》⑨：「寂寂掩高阁，寥寥空广厦。待君竟不归，收领今就檟。」

鲍昭妹令晖著《香茗赋》。

南齐世祖武皇帝遗诏⑩：「我灵座上，慎勿以牲为祭，但设饼果、茶饮、干饭、酒、脯而已。」

梁刘孝绰⑪《谢晋安王饷米等启》：传诏李孟孙宣教旨，垂赐米、酒、瓜、笋、菹、脯、酢、茗八种，气苾新城，味芳云松。江潭抽节，迈昌荇之珍；疆场擢翘，越葺精之美。羞非纯束野麏，裛似雪之鲈；鲊异陶瓶河鲤，操如琼之粲。茗同食粲，酢颜望柑，免千里宿舂，省三月种聚。小人怀惠，大懿难忘。

陶弘景《杂录》：「苦茶轻身换骨，昔丹丘子、黄山君服之。」

《后魏录》：「琅琊王肃⑫仕南朝，好茗饮、莼羹。及还北地，又好羊肉、酪浆，人或问之：茗何如酪？肃曰：茗不堪与酪为奴。」

【注释】①《续搜神记》：旧题陶潜著，实为后人伪托。

②《晋四王起事》：南朝卢綝著。原书已经遗失。

③《异苑》：南朝宋刘敬叔撰。敬叔，《宋书》《南史》俱无传。明胡震亨始采诸书补作之。《津逮秘书》《学津讨源》等古丛书中收有此书。今存十卷。

茶

④翳桑之报：翳桑，古地名。春秋时晋赵盾，曾在翳桑救了将要饿死的灵辄，后来晋灵公欲杀赵盾，灵辄扑杀恶犬，救出赵盾。后世称此事为「翳桑之报」。

⑤《艺术传》：即唐房玄龄所著《晋书·艺术列传》。

⑥《江氏家传》：南朝宋江饶著。已佚。

⑦愍怀太子：字熙祖，小字沙门，晋武帝司马炎之孙，晋惠帝司马衷长子，母才人谢玖。自幼聪慧，有司马懿之风。元康元年（300年）为贾后害死，年仅二十一岁。

⑧酰：醋。陆德明《经典释文》：「酰，酢（醋）也。」

⑨王微《杂诗》：王微，南朝宋画家，字景玄，一作景贤，琅邪临沂人。《杂诗》原二十八句，陆羽仅录四句。

⑩南齐世祖武帝遗诏：《南齐书》卷三载南朝齐武皇帝萧赜，遗诏写于齐永明十一年（493年）七月临终前，文字于此略有不同。

⑪梁刘孝绰《谢晋安王饷米等启》：刘孝绰，见前注。他本名冉，孝绰是他的字。晋安王名萧纲，昭明太子卒后，继为皇太子。后登位称简文帝。

⑫王肃：王肃，在南朝齐为官，后降北魏。北魏是北方少数民族鲜卑族拓跋部建立的政权，该民族习性喜食牛羊肉、鲜牛羊奶加工的酪浆。王肃为讨好新主子，所以当北魏高祖问他时，他贬低说茶还不配给酪浆作奴仆。这话传出后，北魏朝贵遂称茶为「酪奴」，并且在宴会时，「虽设茗饮，皆耻不复食」。见《洛阳伽蓝记》。

【译文】《续搜神记》说：「在晋武帝的时候，宣城人秦精，经常去武昌山里采摘茶叶。有一次，他遇见了一个浑身长毛的人，此人有一丈多高，他带秦精到山下，把一丛丛的茶树指给他后就离开了，过了一会儿他又回来，从怀中掏出橘子送给秦精。秦精感到害怕，赶忙背了茶叶就回家。」

在晋朝四王叛乱的时候，晋惠帝逃难到外面去，当他回到洛阳的时候，黄门就用陶钵盛了茶水献给他喝。

《异苑》说：「剡县陈务的妻子，青年的时候就带着两个儿子守寡，她喜欢喝茶。因为她住的地方有一个古墓，所以每当她饮用茶水的时候总是先给古墓奉祭一碗。两个儿子感到古墓是个祸害，就说：『一个古墓，它知道什么？给它奉祭白花力气！』于是，他们俩想把古墓挖去。即使母亲苦苦劝说，他们始终不听。就在当天夜里，她梦见一人对她说：『我住在这古墓里已经有三百多年了，你的两个儿子总要把它铲平，幸亏你保护了它，而且还拿好茶祭奠我，我虽然是地下的枯骨，但怎么能忘记你的恩德不来报答呢？』天亮了，她在院子里见到了十万串钱，这串钱像是埋了很久一样，只有穿钱的绳子是新的。母亲把这件事告诉她的儿子们，两个儿子都感到十分惭愧。从此他们对古墓的祭祷就更加频繁和敬重了。」

《广陵耆老传》说：「在晋元帝的时候，有一位老太婆，每天一早，她都独自提着一器皿的茶，到街市上去卖。市上的人都争着来买她的茶喝。然而，从早到晚，她器皿中的茶从不减少。她把赚得的钱就施舍给路旁的孤儿、穷人和乞丐。有人就把她看作怪人，向官府报告了，州里的官吏就把她捆绑起来，送进了监狱。到了夜晚，老太婆就手提卖茶的器皿，从监狱的窗口飞出去了。」

《艺术传》说：「敦煌人单道开，冬天不怕寒冷，夏天不怕酷热，他经常服食小小的石子，他服食的药有松、桂、蜜的香气，此外还有茶叶、紫苏等。」

释道说《续名僧传》云：「南朝宋时的和尚法瑶，本来姓杨，是河东人，在元嘉年间他过江，在武康小山寺遇到了沈台真清真君，真君年纪很老了，就用茶水当饭。

在大明时期，皇上命令吴兴的官吏要隆重地把他送进京城，他那时已经七十九了。」

宋《江氏家传》说：「江统，字应元。提升任命为愍怀太子洗马。他曾经上疏谏言道：『现在西园卖醋、面、蓝子、菜、茶这些东西，有损国家的体面。』」

《宋录》说：「新安人王子鸾、王子尚到八公山拜访昙济道人，道人就备设茶水来招待他们。子尚尝了尝茶说：『这是甘露啊，怎么说是茶呢？』」

王微《杂诗》云：「静悄悄地，关上高阁的门；冷清清的，广厦空荡荡一片。等您啊，您竟迟迟不归来；失望啊，且去饮茶解愁怀。」

鲍照的妹妹鲍令晖写了一篇《香茗赋》。

南齐世祖武皇帝的遗诏称：「我的灵座上不要用杀掉的牛羊等动物当作祭品，只需要摆放一点饼果、茶饮、干饭、酒肉就够了。」

梁刘孝绰呈《谢晋安王饷米等启》中说：「李孟孙君带给您告谕，赏赐给我的米、酒、瓜、笋、菹（酸菜）、脯（肉干）、酢（腌鱼）、茗等八种食品。酒气馨香，味道淳厚，可以和新城、云松的佳酿媲美。水边初生的竹笋，胜过菖荇这一类的珍羞；田头肥硕的瓜菜，比美味还要好。白茅束捆的野鹿虽然很好，哪有您惠赐我的肉脯好呢？陶侃瓶里面装的河鲤虽然很好，哪有您馈赠的鲊鱼好呢？大米如同玉粒晶莹剔透，茗荈又好像大米精良，酸菜一看就令人开胃。（食品如此丰盛）即使我远行千里，也用不着再想办法准备干粮了。我记着您给我的恩惠，您的大德我永记不忘！」

陶弘景《杂录》说：「苦茶能使人身体强健，脱胎换骨，从前的道士丹邱子、黄山君就经常饮用它。」

《后魏录》：「琅琊人王肃在南朝做官，就喜欢喝茶、吃莼羹。然而等他回到北方，又喜欢吃羊肉，喝羊奶。有人问他：『茶和羊奶比，怎么样？』肃说：『茶怎能忍受与羊奶同为奴仆。』」

《桐君录》①：「西阳、武昌、庐江、晋陵②好茗，皆东人作清茗。茗有饽，饮之宜人。凡可饮之物，皆多取其叶，天门冬、拔揳取根，皆益人。又巴东③别有真茗茶，煎饮令人不眠。俗中多煮檀叶，并大皂李作茶，并冷。又南方有瓜芦木，亦似茗，至苦涩，取为屑茶，饮亦可通夜不眠。煮盐人但资此饮，而交广④最重，客来先设，乃加以香芼辈。」

《坤元录》⑤：「辰州溆浦县西北三百五十里无射山，云蛮俗当吉庆之时，亲族集会，歌舞于山上，山多茶树。」

《括地图》⑥：「临蒸⑦县东一百四十里有茶溪。」

山谦之《吴兴记》⑧：「乌程县⑨西二十里有温山，出御荈。」

《夷陵图经》⑩：「黄牛、荆门、女观、望州⑪等山，茶茗出焉。」

《永嘉图经》：「永嘉县⑫东三百里有白茶山。」

《淮阴图经》：「山阳县⑬南二十里有茶坡。」

《茶陵图经》云：「茶陵⑭者，所谓陵谷，生茶茗焉。」

《本草·木部》⑮：「茗，苦茶，味甘苦，微寒，无毒，主瘘疮，利小便，去痰、渴、热，令人少睡。秋采之苦，主下气、消食。注云：春采之。」

《本草·菜部》：「苦菜，一名茶，一名选，一名游冬。生益州川谷山陵道傍，凌冬不死。三月三日采，干。注云：疑此即是今茶，一名茶，令人不眠。本草注。」按《诗》云「谁谓荼苦」⑯，又云「堇荼如饴」⑰，皆苦菜也。陶谓之苦

茶，木类，非菜流。茗，春采谓之苦梌。（途遐反）

《枕中方》：「疗积年瘘，苦茶、蜈蚣并炙，令香熟，等分，捣筛，煮甘草汤洗，以末傅之。」

《孺子方》：「疗小儿无故惊蹶，以苦茶葱须煮服之。」

【注释】①桐君录：全名《桐君采药录》，已佚。

②西阳、武昌、庐江、晋陵：西阳、武昌、庐江、晋陵均为晋郡名，治所分别在现在的湖北黄冈、湖北武昌、安徽舒城、江苏常州一带。

③巴东：晋郡名。治所在现在的重庆万县一带。

④交广：交州和广州。交州，在今广西合浦、北海市一带。

⑤《坤元录》：古地学书名，已佚。

⑥《括地图》：即《括地志》，肖德言等人著，《括地志》是中国唐朝时的一部大型地理著作，由唐初魏王李泰主编。全书正文550卷、序略5卷。它吸收了《汉书·地理志》和顾野王《舆地志》两书编纂上的特点，创立了一种新的地理书体裁，为后来的《元和郡县志》《太平寰宇记》开了先河，已散佚，清人辑存一卷。

⑦临蒸：晋时县名，今湖南衡东县。

⑧《吴兴记》：南朝宋山谦之著，共三卷。山谦之，元嘉（424年～453年）时为史学生，后任学士，奉朝请，受著作郎何承天之委，协撰《宋书》，

孝建元年（454年）奉诏续撰。

⑨乌程县：县治即今浙江湖州市。秦王政二十五年（公元前222年）于菰城（今浙江湖州南菰城遗址）置乌程县，以乌申、程林两家善酿酒而得名，属会稽郡。公元266年，为吴兴郡治所。此后都为路，府，州治所。1912年改为吴兴县。

⑩《夷陵图经》：夷陵，在今湖北宜昌地区，位于风景秀丽的湖北宜昌长江西陵峡畔，长江中上游的分界处，属鄂西山区向江汉平原过渡地带。这是陆羽从方志中摘出自已加的书名。（下同）

⑪黄牛、荆门、女观、望州：黄牛山在湖北省宜昌市西向北八十里处。荆门山在湖北宜都市西北、长江南岸，上有盘亘雄踞的荆门山十二碚，下有银潢倒泄的虎牙滩；南与五龙山的群峰相接，北和虎牙山隔江相峙，即今宜昌市东南三十里处。女观山在今宜都县西北。望州山在今宜昌市西。

⑫永嘉县：州治在今浙江温州市。浙江省温州市下辖的一个县，位于浙江省东南部，瓯江下游北岸，东邻乐清、黄岩，西连青田、缙云，北接仙居，南与温州市区隔江相望。

⑬山阳县：今江苏淮安。

⑭茶陵：即今湖南茶陵县。隶属株洲市，位于湖南东部。

⑮本草：《本草》即《唐新修本草》，又称《唐本草》或《唐英本草》，因唐英国公徐勣任该书总监。下文《本草》同。

⑯谁谓荼苦：语出《诗经·谷风》：「谁谓荼苦，其甘如荠。」周秦时，荼作二解，一为茶，一为野菜。此指野菜。

⑰堇荼如饴：语出《诗经·绵》：「周原膴膴，堇荼如饴。」荼也是野菜。

【译文】《桐君录》：「湖北黄冈、武昌、安徽的庐江，江苏武进等地的百姓都喜欢喝茶，都是主人家自己准备的。茶有饽，喝了对人有益处。凡是可以作为饮料的植物，大都是用它的叶，而天门冬、菝葜却是用它的根，也对人有益处。又湖北巴东有真茶，煮了喝能使人精神振奋不会瞌睡。当地人习惯把檀叶和大皂李叶煮来当茶喝，两者的性质都是冷的。另外，南方有瓜芦树，它的叶子大一点，也像茶，喝起来很苦很涩，制取为末，像喝茶一样地喝，也可以一个晚上不睡觉，煮盐的人都全靠喝这个茶。交州和广州一带就十分重视饮茶，客人来了，他们就先用茶水来招待，还要加一些香菜。」

《坤元录》：「在辰州溆浦县西北三百五十里，有无射山，据称，土人的风俗，在遇到吉庆的时候，亲族都要在一起聚会，在山上歌舞。山上的茶树很多。」

《括地图》：「在临蒸县以东一百四十里左右，有一条茶溪。」

山谦之《吴兴记》：「吴兴县西二十里有温山，这里出产的茶叶都进贡给皇上。」

《夷陵图经》：「黄牛、荆门、女观、望州等山，出产茶叶。」

《永嘉图经》：「永嘉县以东三百里左右，有座白茶

山。」

《淮阳图经》：「山阳县以南二十里左右，有一个茶坡。」

《茶陵图经》说：「茶陵，即生长在陵谷中的茶。」

《本草·木部》：「茗，又称苦茶。味道比较苦，性有点寒，没有毒。主要治瘘疮、利尿、除痰、解渴、散热，使人少眠。秋天采摘有点苦味，能下气，帮助消化。原注说：要春天采摘它。」

《本草·菜部》：「苦菜，又称茶，又称选，又称游冬，在四川西部的河谷、山陵和路旁生长，即使在寒冬结冰的时候也冻不死。三月三日采下来，弄干。」（陶弘景）注：推测这就是现在称的茶，又叫茶，喝了能使人难以入睡。（苏恭）《本草注》按：「《诗经》说『谁说茶苦』，又说『乌头、苦茶像糖一样甜』，即指苦菜。陶弘景称的苦茶，是木本植物茶，不是菜类。茗，是春季采摘的，称苦搽。」

《枕中方》：「治疗多年的瘘疾，把茶和蜈蚣一起放到火上烤熟，等发出了香气，再分成相等的两份，捣碎筛掉碎末，一份加甘草煮水洗；一份外敷。」

《孺子方》：「治疗小孩不知原由的惊厥，就可以用苦茶和葱的发根来煎服。」

八之出

山南①，以峡州②上，（峡州生远安、宜都、夷陵三县山谷。）襄州、荆州③次，（襄州生南漳县山谷，荆州生江陵县山谷。）衡州下④，（生衡山、茶陵二县山谷。）金州、梁州⑤又下。（金州生西城、安康二县山谷，梁州生褒城、金牛二县山谷。）

淮南⑥，以光州⑦上，（生光山县黄头港者，与峡州同。）义阳郡⑧、舒州⑨次，（生义阳县钟山者与襄州同，舒州生太湖县潜山者与荆州同。）寿州⑩下，（盛唐县生霍山者与衡山同也）蕲州⑪、黄州⑫又下。（蕲州生黄梅县山谷，黄州生麻城县山谷，并与金州、梁州同也。）

【注释】①山南：唐贞观十道之一。唐贞观元年，划全国为十道，道辖郡州，郡辖县。

②峡州：又称夷陵郡，在长江三峡之口，治夷陵（今湖北宜昌），明为夷陵州，即今宜昌。

③襄州、荆州：襄州，隶属于湖北省襄阳市，原名襄阳区，位于湖北省西北部，即今湖北襄樊市；荆州，古称「江陵」，今湖北江陵县。

④衡州：衡阳的古称，历史上曾有衡州府，大致覆盖现在湖南省的衡阳市、永州市和郴州市局部地区。

⑤金州、梁州：金州，今陕西安康一带；梁州，今陕西汉中一带。

⑥淮南：唐贞观十道之一。

⑦光州：又称弋阳郡。即今河南潢川、光山县一带。

⑧义阳郡：治所在新野（今河南新野南），其后屡有迁移，唐天宝，至德时曾分别改义州、申州为义阳郡。

⑨舒州：又名同安郡。位于安徽省西南部、皖河上游，是安徽省安庆市的前身。今安徽太湖安庆一带。

⑩寿州：又名寿春郡。古地名，隋朝设立，一在今安徽省六安市寿县境内，一在今湖南省怀化市今辰溪县西北。

⑪蕲州：又名蕲州郡。今湖北蕲春一带。

⑫黄州：又名齐安郡。位于湖北省东部，大别山南麓，长江中游北岸。今湖北黄冈一带。

【译文】山南地区的茶，以峡州出产的最好，襄州、荆州出产的次之，衡州出产的稍差些，金州、梁州的就更要差一些。

淮南地区的茶，以光州出产的最好，义阳郡、舒州出产的次之，寿州出产的就较差些，蕲州、黄州出产的更要差一些。

浙西①，以湖州②上，（湖州，生长城县顾渚山谷，与峡州、光州同；生山桑、儒师二坞，白茅山、悬脚岭，与襄州、荆州、义阳郡同；生凤亭山伏翼阁飞云、曲水二寺、啄木岭，与寿州、衡州同；生安吉、武康二县山谷，与金州、梁州同。）常州③次，（常州义兴县生君山悬脚岭北峰下，与荆州、义阳郡同；生圈岭善权寺、石亭山，与舒州同。）宣州、杭州、睦州、歙州④下，（宣州生宣城县雅山，与蕲州同；太平县生上睦、临睦，与黄州同；杭州，临安、于潜二县生天目山，与舒州同；钱塘生天竺、灵隐二寺，睦州生桐庐县山谷，歙州生婺源山谷，与衡州同。）润州⑤、苏州⑥又下。（润州江宁县生傲山，苏州长洲县生洞庭山，与金州、蕲州、梁州同。）

剑南⑦以彭州⑧上，（升九陇县马鞍山至德寺、棚口，与襄州同。）绵州、蜀州⑨次，（绵州龙安县生松岭关，与荆州同；西昌、昌明、神权县西山者并佳，有过松岭者不堪采。蜀州青城县生丈人山，与绵州同。青城县有散茶、木茶。）邛州⑩次，雅州、泸州⑪下，（雅州百丈山、名山，泸州泸川者，与金州同也。）眉州⑫、汉州⑬又下。（眉州丹棱县生铁山者，汉州绵竹县生竹山者，与润州同）

【注释】①浙西：唐贞观十道之一。

②湖州：又名吴兴郡。地处浙江省北部，东邻嘉兴，南接杭州，西依天目山，北濒太湖，与无锡、苏州隔湖相望，是环太湖地区唯一因湖而得名的城市。即今浙江吴兴一带。

③常州：又名晋陵郡。地处长江之南、太湖之滨，是江苏省省辖市，处于长江三角洲中心地带，与苏州、无锡联袂成片，构成苏锡常都市圈。

④宣州、杭州、睦州、歙州：宣州，又称宣城郡。古代州郡名称，治所在今安徽宣城市宣州区。杭州，又名余杭郡，即今浙江省省会、副省级市，位于中国东南沿海、浙江省北部、钱塘江下游北岸、京杭大运河南端，自古有「人间天堂」的美誉。睦州，又称新定郡，今浙江建德、桐庐、淳安一带。歙州，又名新安郡，即徽州，位于安徽省南部、新安江上游。

⑤润州：又称丹阳郡，即今位于江苏省镇江市区西南部，是中国历史文化名城——镇江的主城区和行政中心所在地。

⑥苏州：又称吴郡。古称吴，简称苏，又称姑苏、平江等，位于江苏省东南部、长江以南、太湖东岸、长江三角洲中部。

⑦剑南：唐太宗贞观元年（627年），废除州、郡制，改益州为剑南道，治所位于成都府。

⑧彭州：又叫蒙阳郡，今四川彭县一带。

⑨锦州、蜀州：锦州，又称巴西郡，今四川绵阳、安县一带。蜀州，又称唐安郡，治晋原县（今四川崇州）。辖境相当于今四川崇州、新津等市县地。

⑩邛州：又称临邛郡，与成都（益州）、重庆（巴郡）、郫县（鹃城）并称为巴蜀四大古城，是西汉才女卓文君的故乡，今四川邛峡、大邑一带。

⑪雅州、泸州：雅州又称卢山郡，位于长江上游、四川盆地西缘，东邻成都、西连甘孜，南界凉山、北接阿坝，今四川雅安一带。泸州，又称泸川郡，古称「江阳」，别称酒城、江城，位于四川省东南部，长江和沱江交汇处，今四川泸州市及其周边。

⑫眉州：又名通义郡，位于四川盆地成都平原西南边缘，今四川眉山、洪雅一带。

⑬汉州：又称德阳郡，即今四川省广汉市。

【译文】浙西地区出产的茶叶，以湖州出产的最好，常州出产的次之，宣州、杭州、睦州、歙州出产的稍差些，润州、苏州出产的就更差一些。

剑南地区的茶，以彭州出产的最好，绵州蜀州出产的次之，邛州、雅州、泸州出产的更差一些，眉州、汉州就更要差了。

浙东①以越州②上，（余姚县生瀑布泉岭曰仙茗，大者殊异，小者与襄州同。）明州③、

婺州④次，（明州货县生榆筴村，婺州东阳县东白山与荆州同。）台州⑤下。（台州始丰县生赤诚者，与歙州同）

黔中⑥生思州、播州、费州、夷州⑦，江南⑧生鄂州、袁州、吉州⑨。

岭南⑩生福州、建州、韶州、象州⑪。（福州生闽县方山之阴也。）

其思、播、费、夷、鄂、袁、吉、福、建、韶、象十一州未详。往往得之，其味极佳。

【注释】①浙东：浙江东道节度使方镇的简称，节度使驻地浙江绍光。

②越州：又称会稽郡，古地名，今绍兴市越城区。

③明州：又称余姚郡，今浙江宁波、奉化一带。

④婺州：又称东阳郡，今浙江金华、兰溪一带。

⑤台州：又名临海郡，今位于浙江省中部沿海，东濒东海，南邻温州市，西与金华和丽水市毗邻。

⑥黔中：唐开元十五道之一。

⑦思州、播州、费州、夷州：思州，又称宁夷郡，今贵州沿河一带。播州，又名播川郡，即今贵州省遵义市。费州，又称涪川郡，今贵州思南、德江一带。夷州，又名义泉郡，位于现在的贵州省遵义市东部凤冈、绥阳一带。

⑧江南：最初指江南道，唐贞观十道之一，因在长江之南而名。辖境相当于今浙江、福建、江西、湖南等省地。玄宗开元二十一年，分江南道为江南东道、江南西道和黔中道。

⑨鄂州、袁州、吉州：鄂州，又称江夏郡，今湖北武昌、黄石一带。袁州，又名宜春郡，也称宜春，今江西吉安、宁冈一带。

⑩岭南：唐贞观十道之一。

⑪福州、建州、韶州、象州：福州，又名长乐郡，别称榕城、三山、左海、冶城、闽都，简称「榕」，今福建福州、甫田一带。建州，又称建安郡，今位于福建省北部，闽江上游，武夷山脉东南面、鹫峰山脉西北侧。韶州，又名始兴郡，简称「韶」，古称韶州，得名于丹霞的名山韶石山，取韶石之名改东衡州为韶州，之后历朝沿袭，今广东韶关、仁化一带。象州，又称象山郡，是唐朝名将薛仁贵曾徙谪之地，即今广西象州县一带。

【译文】浙东一带的茶叶，以越州出产的最好，明州、婺州出产的次之，台州出产的稍差些。

黔中的茶叶产地是恩州、播州、费州、夷州。

江南的茶叶产地是鄂州、袁州、吉州。

岭南的茶叶产地是福州、建州、韶州、象州。

对于思、播、费、夷、鄂、袁、吉（吉安）、福（福州）、建（建州）、韶、象这十一州所出产的茶叶，还不大清楚，有时得到一些，品尝一下，觉得味道非常好。

九之略

其造具，若方春禁火之时①，于野寺山园，丛手而掇，乃蒸，乃舂，乃焙，以火干之，则又棨、扑、焙、贯、棚、穿、育等七事皆废。

其煮器，若松间石上可坐，则具列废，用槁薪、鼎锧之属，则风炉、灰承、炭挝、火筴、交床等废；若瞰泉临涧，则水方、涤方、漉水囊废。若五人已下，茶可末而精者，则罗合废；若援藟跻岩②，引絙③入洞，于山口炙而末之，或纸包合贮，则碾、拂末等废；既瓢、碗、竹筴、札、熟盂、鹾簋悉以一筥盛之，则都篮废。

但城邑之中，王公之门，二十四器阙一，则茶废矣！

【注释】①方春禁火之时：禁火，旧俗寒食停炊称「禁火」。

②援藟（lěi）跻岩：藟，藤蔓，葛类蔓草名。《广雅》：「藟，藤也。」跻，登、升。《释文》：「跻，升也。」

③絙，绳索。与「緪」通。

【译文】关于在制造工具方面，如果正当春季寒食前后，在野外的寺院或山林茶园里，大家一齐动手采摘茶叶，当即就把茶叶蒸熟、捣碎，用火烘烤干燥（然后饮用），那么，棨（锥刀）、扑（竹鞭）、焙（焙坑）、贯（细竹条）、棚（置焙坑上的棚架）、穿（细绳索）、育（贮藏工具）等七种工具以及制茶的这七道工序就都可以不用了。

关于煮茶的用具，如果在松间，有石头可以坐，那么具列（陈列床或陈列架）就可以不要。如果用干柴鼎锅这些器具来烧水，那么，风炉、炭檛、火夹、交床等等也都可以不用了。如果是在泉上溪边，那么水方、涤方、漉水囊也就可以省去了。如果是五人以下出游，茶又可以碾得精细，就不必再用罗筛了。如果要攀藤附葛，登上险岩，或者沿着粗大的绳索进入山洞，就要先在山口把茶烤好捣细，或者用纸包好，或者用盒装好，那么，碾、拂末也就可以省去了。要是瓢、碗、竹筴、札、孰盂、盐都用筥装，都篮也就可以省去了。

但是，在城市之中，贵族之家，如果二十四种器皿中缺少一样，也就失去了饮茶的雅兴了。

十之图①

以绢素或四幅或六幅，分布写之，陈诸座隅，则茶之源、之具、之造、之器、之煮、之饮、之事、之出、之略，目击而存②，于是《茶经》之始终备焉。

【注释】①十之图：第十章，挂图。即指把《茶经》本文写在素绢上挂起来。《四库全书提要》说：「其曰图者，乃谓统上九类写绢素张之，非有别图。其类十，其文实九也」。

②目击而存：击，接触。此处作看见。俗语有「目击者」。

【译文】用白绢四幅或是六幅，把上述内容分别写出来，把它张挂在座位的旁边。这样，茶的起源、采制工具、制茶方法、煮茶方法、饮茶方法、有关茶事的记载、产地以及茶具的省略方法等，就可以随时看到，随时可以看在眼里了，于是，《茶经》从头至尾的内容也就记载完备了。

附录：茶谱

挺然而秀，郁然而茂，森然而列者，北园之茶也。泠然而清、锵然而声，涓然而流者，南涧之水也。块然而立，睟然①而温，铿然而鸣者，东山之石也。癯②然而酸，兀然而傲，扩然而狂者，渠也。以东山之石，击灼然之火。以南涧之水，烹北园之茶。自非吃茶汉，则当握拳布袖，莫敢伸也！本是林下一家生活，傲物玩世之事，岂白丁可共语哉？予法举白眼而望青天，汲清泉而烹活火，自谓与天语以扩心志之大，符水以副内练之功，得非游心于茶灶，又将有裨于修养之道矣，岂惟清哉？涵虚子臞仙书。

【注释】①睟（zuì）然：温润的样子。

②癯（qú）然而酸：癯，清瘦。然，贫穷，孤寒。

【译文】北园的茶树，清秀挺拔，茂密葱郁，一排排整齐层叠排列，浓密丰厚。南涧的溪水，清澈冰凉，涓涓而流的溪水，发出玉石碰撞般清脆的声音。东山的奇石，虽孤然独立，但是温润如玉，发出金石碰撞般清透的声响。而那煮茶的人，清瘦孤寒，孑然孤傲，狂然豁达。用东山的奇石打火，用南涧的溪水，烹煮北园的茶。如果不是懂茶的人，就该把手缩在衣袖里，不要贸然出手。因为茶道本就是山林间一个人的事，属于傲然于物外，游离出世间的事，怎么能和那些粗俗的人一起谈论呢？我曾经抬头仰望苍天，用灵动的火来烹煮清冽的泉水，我这样做，正是与天对话来拓宽我的心志，用这样的水来长养我内在的精气，这样不仅让我可以悠游于茶灶之间，更有助于我修身养性，这哪里是一个「清」字就能概括的呢？涵虚子朧仙书写。

茶之为物，可以助诗兴而云山顿色，可以伏睡魔而天地忘形，可以倍清谈而万象惊寒，茶之功大矣！其名有五：曰茶、曰槚、曰蔎、曰茗、曰荈①。一云早取为茶，晚取为茗。食之能利大肠，去积热，化痰下气，醒睡，解酒，消食，除烦去腻，助兴爽神。得春阳之首，占万木之魁。始于晋，兴于宋。惟陆羽得品茶之妙，著《茶经》三篇。蔡襄著《茶录》二篇。盖羽多尚奇古，制之为末，以膏为饼，至仁宗时，而立龙团、凤团、月团之名，杂以诸香，饰以金彩，不无夺其真味。然天地生物，各遂其性，莫若茶叶，烹而啜之，以遂其自然之性也。予故取烹茶之法，末茶之具。崇新改易，自成一家。为云海餐霞服日之士，共乐斯事也。虽然会茶而立器具，不过延客款话而已，大抵亦有其说焉。凡鸾俦鹤侣②，骚人羽客，皆能志绝尘境，栖神物外，不伍于世流，不污于时俗。或会于泉石之间，或处于松竹之下，或对皓月清风，或坐明窗静牖，乃与客清谈款话，探虚玄而参造化，清心神而出尘表。命一童子设香案，携茶炉于前，一童子出茶具，以瓢汲清泉注于瓶而炊之。然后碾茶为末，置于磨令细，以罗罗之，候汤将如蟹眼，量客众寡，投数匕入于巨瓯。候茶出相宜，以茶筅摔令沫不浮，乃成云头雨脚③，分之啜瓯，置之竹架，童子捧献于前。主起，举瓯奉客曰：「为君以泻清臆。」客起接，举瓯曰：「非此不足以破孤闷。」乃复坐。饮毕。童子接瓯而退。话久情长，礼陈再三，遂出琴棋，陈笔研。或庚歌，或鼓琴，或弈棋，寄形物外，与世相忘，斯则知茶之为物，可谓神矣。然而啜茶大忌白丁，故山谷④曰：「金谷看花莫漫煎」是也。卢仝⑤吃七碗，老苏不禁三碗，予以一瓯，足可通仙灵矣。使二老有知，亦为之大笑。其他闻之，莫不谓之迂阔。

【注释】①槚（jiǎ）：茶树的古称。蔎（shè）：茶的别称。荈（chuǎn）：茶的老叶子，粗茶。

②鸾俦（chóu）鹤侣：这里指那些有脱尘气质的人。鸾俦：原指夫妻。

③云头雨脚：古人用来形容茶汤表面汤花的用语。

④山谷：（1045—1105），字鲁直，号山谷道人、涪翁，洪州分宁（江西省九江市修水县）人，北宋著名文学家、书法家、江西诗派开山之祖。

⑤卢仝：（约795—835），唐代诗人，初唐四杰卢照邻之孙。早年隐少室山，后迁居洛阳，自号玉川子。破屋数间，图书满架，终日苦读，不愿仕进，被尊称为「茶仙」。性格「高古介僻，所见不凡近」。

【译文】茶这个东西，可以为写诗助兴，而让浮云山川为之变化；可以降服睡魔，而忘形于天地之间；可以拓宽谈资，言辞触及万千景象，茶的功用实在是太大了。茶有五种名称：茶、槚、蔎、茗、荈。有一种说法，早上采摘的叫茶，晚上采摘的叫做茗。以茶为食，可以利大肠，去积热，化痰下气，提神，解酒，助消化，除烦燥去油腻，增添兴致，使神清气爽。茶是各类草木中的佼佼者，最先沐浴春天的阳光。饮茶的风气兴起于晋代，兴盛于宋代。只有唐代的陆羽真正体悟了品茶的妙处，撰写了《茶经》三篇。蔡襄撰写了《茶录》二篇。因为陆羽喜欢研究稀奇古怪的东西，所以将茶研磨为茶末，形成茶膏，并做成茶饼。到宋代仁宗的时候，茶饼上制上不同的图案，被称为龙团、凤团、月团，还在茶饼中掺杂了香料，并用各种彩色装饰出高贵的样子，这种做法多少会破坏茶的真性与自然之味。然而，天地生养万物，都是顺应它们的自然天性，因此饮茶，自然最好是直接烹煮茶叶，饮茶水，以得到茶叶最天然的滋味。以往各种饮茶的器具，在我的烹茶之道中不是那么重要。我改变以往冲茶的做法，自成一家。和那些以云海为餐，吸服日霞之气的修道之士一起，以此为乐。虽然喝茶需要各种器具，不同器具也各有它的道理，但这些不过是为了客人之间相互谈资而已。那些清逸脱俗的神仙眷侣、文人道士，都能脱离尘世诸般的束缚，超脱于物外，不与世俗同流，也不会被俗世的尘浊污染。饮茶之时，要么是在清奇的泉石之间，要么是在幽静的松竹下面，要么面对清风皓月，要么坐在明亮安静的窗户前，和来访的人，共同探讨天地间的玄妙，参研天地的造化，这样的言谈让我们心神清静，超脱于世间的浮华。让陪侍的一名童子摆设香案，放上茶炉，另一名童子拿茶具，用瓢把打来的清澈的泉水舀进瓶中烹煮。接下来，将茶叶碾制成末，用茶磨将茶叶磨得细细的，用茶罗筛过。在煎水时，见到大小如蟹眼的气泡冒起，这时候，看喝茶人数的多少，取相应分量的茶末放入大茶盏，及时冲泡，用茶筅调和搅拌茶汤，直到茶末不再浮于汤面，让茶汤呈现出云头雨脚的形态。然后，把茶汤分成数杯，放在竹架上。让童子将茶捧到众人面前。主人及时起身举起茶杯，并对客人说：「请君以茶来疏畅胸臆。」客人站起，举起茶杯回应：「不如此，不足以解除孤闷。」说完主客相继落座。饮完茶，陪侍的童子接过茶杯退下。主客倾情交谈，如果还要饮茶，仍然重复上述的礼仪。在饮茶相谈后，主人摆上琴棋相邀，或者拿出笔墨纸砚。这时，有的击节而歌，有的鼓琴，有的下棋，各个都寄形于物外，忘却尘世纷扰。这时才明了茶的神奇之处。但是，饮茶最忌讳和那些不通文墨的粗人一起，所以山谷才会说：「著茶须是吃茶人。」更不要在花下喝茶，那会有煞风景，所以王安石说：「金谷看花莫漫煎」。像刚才那样饮茶，寄形于物外，卢仝能饮七碗、苏东坡可以饮三碗，我则可以饮上一大瓶，然后就可以与仙灵相通了。倘使卢仝和苏东坡知道我说的这番话，也会为此而开怀大笑吧。而其他人听到这样的话，则会觉得我过于迂阔，不合实际。

品茶

于谷雨前，采一枪一旗①者制之为末，无得膏为饼。杂以诸香，失其自然之性，夺其真味。大抵味清甘而香，久而回味，能爽神者为上。独山东蒙山石藓茶②，味入仙品，不入凡卉。虽世固不可无茶，然茶性凉，有疾者不宜多饮。

【注释】①一枪一旗：指嫩幼的新叶。

②蒙山石藓茶：指石竹茶，即石竹的嫩芽，属于「非茶之茶」。

【译文】在谷雨之前，将幼嫩的茶芽采下，制作成茶末，不用做成茶膏，制成茶饼。也不用参杂各种香料，因为这样会破坏它的天性，使茶叶失去它本来的味道。最好的茶叶是具有清香微甘的味道，能让人回味无穷，令人神清气爽。只有山东蒙山的石藓茶，它的味道已然达到神仙的品级。凡间的茶叶是没法达到的。虽然世间不能没有茶，但是茶的性质偏凉，有疾病的人不能多喝。

收茶

茶宜蒻①叶而收。喜温燥而忌湿冷。入于焙中。焙用木为之，上隔盛茶，下隔置火，仍用蒻叶盖其上，以收火器。两三日一次，常如人体温温，则御湿润以养茶。若火多则茶焦。不入焙者，宜以蒻笼密封之，盛置高处。或经年香、味皆陈，宜以沸汤渍之，而香味愈佳。凡收天香茶，于桂花盛开时，天色晴明，日午取收，不夺茶味。然收有法，非法则不宜。

【注释】①蒻（ruò）：嫩的香蒲。

【译文】用蒲草叶来储存茶是最合适的。茶叶应该存放在温热干燥的地方，最忌讳接触湿冷的环境。将茶叶放入茶焙烘制，茶焙是用木头做成的，分为上下两层，上层放茶叶，下层点柴火，在烘制的时候仍需要用蒲草叶覆盖在茶焙上面，以此来聚集火气。两到三天烘烤一次，温度要和人体的体温相等，这样的温度可以把湿润度控制得很好，以达到滋养茶叶的效果。如果火温过高，茶叶就会变得干焦。那些不加以烘制的茶叶，要用蒲草叶作成的草笼，将茶叶密封在里面，放在高处以防止湿气。如果储存的茶叶放置的时间太长，香气和味道都已经变陈，可以先用滚烫的沸水浇淋，这样冲泡，茶的香味会更好。如果想收取一些带有天然香味的茶叶，那么就应当在桂花盛开的时候，选择一个天清气明的日子，在正午的时候收取，这样就不会损耗茶的味道。收茶皆有相应的方法，方法不对不行。

点茶

凡欲点茶，先须熁盏①。盏冷则茶沉，茶少则云脚散，汤多则粥面聚。以一匕投盏内，先注汤少许调匀，旋添入，环回击拂，汤上盏可七分则止。着盏无水痕为妙。今人以果品为换茶，莫若梅、桂、茉莉三花最佳。可将蓓蕾数枚投于瓯内罨②之。少倾，其花自开。瓯未至唇，香气盈鼻矣。

【注释】①熁（xié）：熏烤，熏蒸。

②罨（yǎn）：掩盖。

【译文】凡是点茶，必须先将茶盏烤热。如果茶盏是冷的，茶气就会沉在茶盏里。如果茶少水多，茶末则会散乱，茶水分离，汤花也很快消散，无法形成云头雨脚的形态。如果茶多水少，那么茶末聚集在水上，就像粥熬得太稠，表面非常不均匀。所以，正确的做法是放一匙茶叶后，先注入少量热水调均匀，再环绕四周逐渐加入，击拂茶汤，热水加到茶杯七成的位置就可以了。茶杯的边沿没有水痕才是最好的手法。现在人点茶的时候会加一些有香味的果实和花，对于花来说，梅花、桂花、茉莉花三种最好。可以把几枚花蕾放入杯中，盖上盖。不一会儿，花蕾就会自然绽放。拿起杯子，还没到唇边，香气就已经扑鼻而来。

熏香茶法

百花有香者皆可。当花盛开时，以纸糊竹笼两隔，上层置茶，下层置花，宜密封固，经宿开换旧花。如此数日，其茶自有香气可爱。有不用花，用龙脑①熏者亦可。

【注释】①龙脑：龙脑樟枝叶经水蒸汽蒸馏并重结晶而得，有清凉气味，可制香料。

【译文】想要给茶熏香，只要是有香味的花都可以。当鲜花盛开的时候，用纸糊在一个两层的竹笼外，竹笼的上层放茶，下层放花，然后密封起来。过一晚后，打开竹笼，把旧花换掉。这样经过几天的熏香后，茶就会带有花的香气，让人甚是喜爱。也有不用花的，就用龙脑熏也是可以的。

茶炉

与练丹神鼎同制。通高七寸，径四寸，脚高三寸，风穴高一寸。上用铁隔。腹深三寸五分，泻铜为之，近世罕得。予以泻银坩锅瓷为之，尤妙。襻①高一尺七寸半。把手用藤扎，两傍用钩，挂以茶帚、茶筅②、炊筒、水滤于上。

【注释】①襻（pàn）：器物上用来打结或攀手的绳子。

②茶筅（xiǎn）：用来调匀茶粉和水的一种工具，竹制。

【译文】茶炉和道家用来炼丹的鼎炉很相似。整体高七寸，内径四寸，炉脚高三寸，进出风的风穴高一寸。炉子上面用铁盘隔开。炉腹深度为三寸五分，应该用铜汁浇铸，这样做成的茶炉现在已经很难找到了。我用瓷作坩锅，用银汁浇铸成的茶炉更

好。炉子的襻高一尺七寸半。把手是用藤条扎的，两边做出挂钩，用来悬挂茶帚、茶筅、炊筒和水滤。

茶灶

古无此制，予于林下置之。烧成瓦器如灶样，下层高尺五为灶台，上层高九寸，长尺五，宽一尺，傍刊以诗词咏茶之语。前开二火门，灶面开二穴以置瓶。顽石置前，便炊者之坐。予得一翁，年八十犹童，疾憨奇古，不知其姓名，亦不知何许人也。衣以鹤氅①，系以麻绦，履以草履，背驼而颈蜷，有双髻于顶。其形类一「菊」字，遂以菊翁名之。每令炊灶以供茶，其清致倍宜。

【注释】①鹤氅（chǎng）：道袍。

【译文】之前是没有茶灶这个东西的，我准备在山林里支一个。以烧制瓦器的工艺制成，茶灶下层的灶台高一尺五，灶身高九寸，长为一尺五，宽一尺，灶身侧边刻上咏茶的词句。前面有两个火门，灶面上有两个灶口，可以放茶瓶。茶灶前放一些石头，方便喝茶的人就座。我遇见过一位老人，虽然已经八十岁了，看起来仍像孩童一样，长相憨厚奇特，颇有古风。我不知道他的名字，也不知道他是哪里人。只见他身穿一件道袍，用麻线编的绳子绑在腰间，脚上穿着一双草鞋，缩着脖子弓起背，头顶上还扎着两个发髻。老人看起来好像一个「菊」字，因此，我称呼他为菊翁。我总是

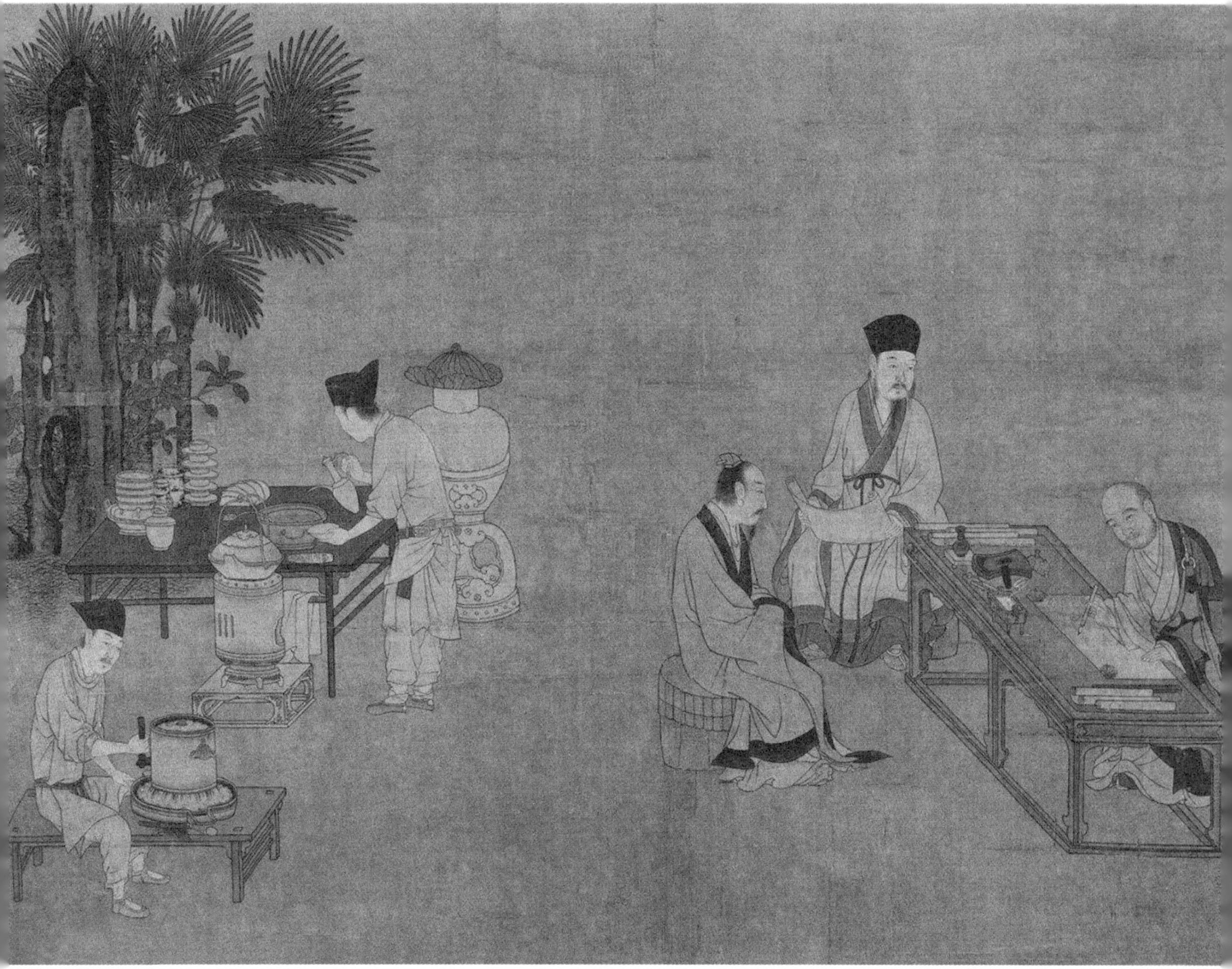

让菊翁烧水泡茶，感觉他泡出来的茶味道格外清逸不凡。

茶磨

磨以青礞石为之。取其化谈去故也。其他石则无益于茶。

【译文】茶磨是用青礞石做的。因为青礞石有化痰，去积食的功效。其他石头做成的茶磨，则对茶没有什么益处。

茶碾

茶碾，古以金、银、铜、铁为之，皆能生鉎。今以青礞石最佳。

【译文】茶碾，古代一般是用金、银、铜、铁这些材质做成的，但这些质地的茶碾都容易生锈。所以，茶碾还是用青礞石做成的最好。

茶罗

茶罗，径五寸，以纱为之。细则茶浮，粗则水浮。

【译文】茶罗，直径五寸，用纱布做成，用来筛茶，如果纱眼太细，筛出的茶末就过于精细，就会漂浮在水面上。纱眼太粗，筛出的茶末就会沉到水底。

茶架

茶架，今人多用木，雕镂藻饰，尚于华丽。予制以斑竹、紫竹，最清。

【译文】茶架，现在人一般都用木头做茶架，并在上面雕刻上各种各样的花纹和图案，崇尚华丽。我则用斑竹、紫竹来做茶架，看上去颇为清逸。

茶匙

茶匙要用击拂有力，古人以黄金为上，今人以银、铜为之。竹者轻，予尝以椰壳为之，最佳。后得一瞽者，无双目，善能以竹为匙，凡数百枚，其大小则一，可以为奇。特取其异于凡匙，虽黄金亦不为贵也。

【译文】茶匙要有重量，才能搅动茶汤。古人认为黄金是做茶匙最好的材质，现在人则用银、铜作为材质。用竹子做茶匙材质太轻，我曾试着用椰壳来做茶匙，效果非常好。后来我遇见一位盲人，没有双眼，最擅长用竹子做茶匙，他用竹子做几百个茶匙，大小全都一样，可以说是奇功绝艺。我正是看中了他能在普通的材料中展现奇妙，这一点即使是用黄金做的茶匙也不能和他做的相比。

茶筅

茶筅，截竹为之，广、赣制作最佳。长五寸许，匙茶入瓯，注汤筅之，候浪花浮成云头、雨脚乃止。

【译文】茶筅，是截取竹枝做的，用广、赣两地的竹子制作的茶筅最好。茶筅长五寸，将茶舀入茶杯中，加水后再用竹筅调和搅动，等到茶水里搅起的水沫形如云头、雨脚，就算是好了。

茶瓯

茶瓯，古人多用建安所出者，取其松纹兔毫为奇。今淦窑所出者与建盏同，但注茶，色不清亮，莫若饶瓷为上，注茶则清白可爱。

【译文】茶杯，古人一般用建安制造的茶杯，并以茶杯表层的釉呈现出如松针兔毛一样细丝状的白色斑纹，为奇特。现在淦窑所产的茶杯和建安的差不多，但是倒入茶汤的时候，色泽不够清亮。这些都不如饶瓷，茶汤倒入后色泽清白，让人心神愉悦。

茶瓶

瓶要小者易候汤①，又点茶注汤有准。古人多用铁，谓之罂②。罂，宋人恶其生鉎③，以黄金为上，以银次之。今予以瓷石为之。通高五寸，腹高三寸，项长二寸，嘴长七寸。凡候汤不可太过，未熟则沫浮，过熟则茶沉。

【注释】①候汤：点茶的术语，指煮水的合适程度。

②罂（yīng）：大肚小口的容器。

③鉎（shēng）：金属生的锈。

【译文】茶瓶要小，这样在煮水的时候容易掌握，另外点茶、加水都有分量的需求，小的茶瓶比较容易掌握分量。古人大多用铁做制的茶瓶，称为罂。罂，宋代人厌恶它容易生锈，所以不用铁制的，崇尚用黄金作为造茶瓶的材料，其次是用银制的。我现在用瓷石的材料做茶瓶。茶瓶总高五寸，瓶腹高三寸，瓶颈长二寸，瓶嘴长七寸。大抵在煎汤的时候不能煮的太久，水不热，那么茶末就会浮在水上；太热，茶末就会沉底。

煎汤法

用炭之有焰者谓之活火。当使汤无妄沸。初如鱼眼散布，中如泉涌连珠，终则腾波鼓浪，水气全消。此三沸之法，非活火不能成也。

【译文】用点燃的木炭的火焰煎水，称为是活火。煎水时不能让水一直不停地沸腾。刚开始沸腾时冒出的气泡像鱼眼一般大小，这是第一沸；然后冒出的气泡细密如泉水涌出，这是第二沸；最后水花如波浪翻滚，水气完全消失，这是第三沸。要做到三沸，没有活火是不行的。

品水

臞仙曰：青城山老人村杞泉水第一，钟山八功德水第二，洪崖丹潭水第三，竹根泉水第四。或云：山水上，江水次，井水下。伯刍以扬子江心水第一，惠山石泉第二，虎丘石泉 第三，丹阳井第四，大明井第五，松江第六，淮江第七。又曰：庐山康王洞帘水第一，常州无锡惠山石泉第二，蕲州兰溪石下水第三，硖州扇子硖下石窟泄水第四，苏州虎丘山下水第五，庐山石桥潭水第六，扬子江中泠水第七，洪州西山瀑布第八，唐州桐柏山淮水源第九，庐山顶天地之水第十，润州丹阳井第十一，扬州大明井第十二，汉江金州上流中泠水第十三，归州玉虚洞香溪第十四，商州武关西谷水第十五，苏州吴松江第十六，天台西南峰瀑布第十七，郴州圆泉第十八，严州桐庐江严陵滩水第十九，雪水第二十。

【译文】曜仙说：青城山老人村的杞泉水为第一，钟山的八功德水为第二，洪崖丹潭水为第三，竹根泉水为第四。又有人说：山泉水最好，江水其次，井水最次。刘伯刍以扬子江心的水为第一，惠山的石泉水为第二，虎丘的石泉水为第三，丹阳井的水为第四，大明井的水为第五，松江的水为第六，淮江的水为第七。曜仙又说：庐山康王洞的帘水为第一，常州无锡惠山的石泉水为第二，蕲州兰溪石下的水为第三，硖州扇子硖下石窟泄水为第四，苏州虎丘山下的水为第五，庐山石桥的潭水为第六，扬子江中的泠水为第七，洪州西山瀑布的水为第八，唐州桐柏山的淮水源为第九，庐山顶的天地之水为第十，润州丹阳井的水为第十一，扬州的大明井水为第十二，汉江金州上流中泠水为第十三，归州玉虚洞的香溪水为第十四，商州武关西谷的水为第十五，苏州的吴松江水为第十六，天台西南峰的瀑布水为第十七，郴州的圆泉水为第十八，严州桐庐江严陵滩水为第十九，雪水为第二十。

图书在版编目(CIP)数据

茶经:小楷书法插图珍藏本/(唐)陆羽著;慧剑注译. -- 北京:团结出版社,2019.8

ISBN 978-7-5126-7169-0

Ⅰ. ①茶… Ⅱ. ①陆… ②慧… Ⅲ. ①茶文化—中国—古代 Ⅳ. ① TS971.21

中国版本图书馆 CIP 数据核字 (2019) 第 126364 号

出版: 团结出版社

（北京市东城区东皇城根南街 84 号 邮编: 100006）

电话: (010) 65228880 65244790 （传真）

网址: www.tjpress.com

Email: zb65244790@vip.163.com

经销: 全国新华书店

印刷: 北京印匠彩色印刷有限公司

开本: 787mm×620mm 1/24

印张: 8

字数: 80 千字

版次: 2020 年 6 月 第 1 版

印次: 2023 年 3 月 第 3 次印刷

书号: 978-7-5126-7169-0

定价: 108.00 元